高等院校艺术设计类专业系列教材

版式设计

原理与实战策略

庞博 孙惠 李响 史宏爽 编著

清华大学出版社

北京

内 容 简 介

版式设计是艺术设计类专业学生的必修课程，是现代设计艺术的重要组成部分，是视觉传达的重要手段，是现代设计者必备的基本功之一。

本书共分8章。第1章从版式设计的历史沿革出发，简要介绍版式设计的起源、发展及相关历史背景，让读者循序渐进地了解这一门学科的基础知识，并根据纵向的时间轴，引出作者对版式设计未来发展方向的思考。第2~6章从版式设计的具体编排法则出发，介绍版式设计中空间表现、原理与规范、色彩、文字、图像等相关元素的法则及应用方式。第7和8章主要介绍版式设计中常见的设计风格、具体规范及应用案例，从不同风格、不同应用场景的版式设计案例，指出版式设计中的各个要点，以实训的角度出发，加深读者对版式设计的认识与理解。

希望本书能够在总结前人研究理论精髓的基础上，为读者建立一个严谨且清晰的版式设计法则，使其在复杂、周密的设计工作中迅速厘清头绪，产生系统性的设计灵感，从而创作意新、形美、变化而又统一，并具有审美情趣的版式设计作品。

本书适合作为高等院校艺术设计类专业的教材，也可作为平面设计师、版式设计师、包装设计师、广告设计师、网页设计师的参考用书。

图书在版编目(CIP)数据

版式设计原理与实战策略 / 庞博等编著. —北京：清华大学出版社，2022.4 （2025.1重印）
高等院校艺术设计类专业系列教材
ISBN 978-7-302-60427-3

Ⅰ.①版… Ⅱ.①庞… Ⅲ.①版式－设计－高等学校－教材 Ⅳ.①TS881

中国版本图书馆CIP数据核字(2022)第052827号

责任编辑：李　磊
封面设计：陈　侃
版式设计：思创景点
责任校对：成凤进
责任印制：沈　露

出版发行：清华大学出版社
　　　　网　　　址：https://www.tup.com.cn，https://www.wqxuetang.com
　　　　地　　　址：北京清华大学学研大厦 A 座　　　　　邮　　编：100084
　　　　社 总 机：010-83470000　　　　　　　　　　　邮　　购：010-62786544
　　　　投稿与读者服务：010-62776969，c-service@tup.tsinghua.edu.cn
　　　　质 量 反 馈：010-62772015，zhiliang@tup.tsinghua.edu.cn
印 装 者：三河市铭诚印务有限公司
经　　销：全国新华书店
开　　本：185mm×260mm　　　印　　张：12.25　　　字　　数：305 千字
版　　次：2022 年 7 月第 1 版　　　　　　　　　　　印　　次：2025 年 1 月第 5 次印刷
定　　价：69.80 元

产品编号：081133-01

高等院校艺术设计类专业系列教材

编委会

主　编

薛　明
天津美术学院视觉设计与
手工艺术学院院长、教授

副主编

高　山　庞　博

编　委

陈　侃　曾　丹　蒋松儒　姜慧之　李喜龙　李天成
孙有强　黄　迪　宋树峰　连维建　孙　惠　李　响
史宏爽

专家委员

天津美术学院副院长	郭振山	教授
中国美术学院设计艺术学院院长	毕学峰	教授
中央美术学院设计学院院长	宋协伟	教授
清华大学美术学院视觉传达设计系副主任	陈　楠	教授
广州美术学院视觉艺术设计学院院长	曹　雪	教授
西安美术学院设计学院院长	张　浩	教授
四川美术学院设计艺术学院副院长	吕　曦	教授
湖北美术学院设计系主任	吴　萍	教授
鲁迅美术学院视觉传达设计学院院长	李　晨	教授
吉林艺术学院设计学院副院长	吴轶博	教授
吉林建筑大学艺术学院院长	齐伟民	教授
吉林大学艺术学院副院长	石鹏翔	教授
湖南师范大学美术学院院长	李少波	教授
中国传媒大学动画与数字艺术学院院长	黄心渊	教授

序

　　"平面设计"的英文为 graphic design，该术语由美国书籍装帧设计师威廉·阿迪逊·德维金斯 (William Addison Dwiggins) 于 1922 年提出。他使用 graphic design 来描述自己所从事的设计活动，借以说明在平面内通过对文字和图形等进行有序、清晰地排列，完成信息传达的过程，奠定了现代平面设计的概念基础。

　　广义上讲，从人类使用文字、图形来记录和传播信息的那一刻起，平面设计就出现了。从石器时代到现代社会，平面设计经历了几个阶段的发展，发生过革命性的变化，一直是人类传播信息的过程中不可或缺的艺术设计类型。

　　随着互联网的普及和数字技术的发展，人类进入了数字化时代，"虚拟世界联结而成的元宇宙"等概念铺天盖地袭来。与大航海时代、工业革命时代、宇航时代一样，数字时代也具有一定的历史意义和时代特征。

　　数字化社会的逐步形成，使媒介的类型和信息传达的形式发生了很大转变：从单一媒体发展到多媒体，从二维平面发展到三维空间，从静态表现发展到动态表现，从印刷介质发展到电子媒介，从单向传达发展到双向交互，从实体展示发展到虚拟空间。相应的，平面设计也进入了一个新的发展阶段，数字化的艺术设计创新必将成为平面设计领域的重点。

　　当今时代，专业之间的界限逐渐模糊，学科之间的交叉融合现象越来越多，艺术设计教育的模式必将更多元、更开放，突破传统、不断探索并开拓专业的外延是必然趋势。在这样的专业发展趋势下，艺术设计的教学应坚持现代技术与传统理念相结合、科技手段与人文精神相结合，从艺术设计本体出发，强调独立的学术精神和实验精神，逐步形成内容完备的教材体系和特色鲜明的教学模式。

　　本系列教材体现了交叉性、跨领域、新型学科的诸多"新文科"特征，强调发展专业特色，打造学科优势，有助于培养具有良好的艺术修养和人文素养，具备扎实的技术能力和丰富的创造能力，拥有前瞻意识、创新意识及开拓精神、社会服务精神的高素质创新型艺术设计人才。

　　本系列教材基于教育教学的视角，从知识的实用性和基础性出发，不仅涵盖设计类专业的主要理论，还兼顾学科交叉内容，力求体现国内外艺术设计领域前沿动态和科技发展对艺术设计的影响，以及艺术设计过程中展现的数字设计形式，希望能够对我国高等院校艺术设计类专业的教育教学产生积极的现实意义。

天津美术学院视觉设计与手工艺术学院院长、教授

前　言

　　根据美国哈佛商学院有关研究人员的分析资料表明，在人类摄取外界信息的五种感觉（视觉、听觉、味觉、嗅觉、触觉）中，视觉获取的信息约占83%。人们对于视觉信息的依赖催生了版式设计，在纷繁复杂的社会生活中，如何帮助读者从诸多信息中提取出自己需要的信息，提高其获取信息的速度是版式设计的第一要义。随着生活方式的不断演变，版式设计不仅方便了人们获取信息，而且满足了人们对阅读享受的追求。因此，版式设计已经成为追求意新、形美、变化而又统一，并具有审美情趣的设计门类。

　　版式设计的出现由来已久，自人类出现文字开始，便在考虑如何提高文字的信息获取速度，这奠定了版式设计在设计领域中重要的地位，由此演化出九个不同的历史阶段，各自独特的设计特点推动了人类文明的进步，时至工业时代，衍生出不同的设计风格，不同时期设计风格的变化预示着新的设计思想的成熟和发展，同时也在不断影响着编排设计的形式和风格走向，不同时期的艺术流派对版式编排设计做出了重要贡献。

　　版式设计是视觉传达设计的基础部分，从表面看，这是一种关于组织文字、图片、色彩的设计门类，但究其内核，版式设计真正的着眼点在于人们的认知方式，通过深入剖析人类的认知习惯，设计师能够借助这种认知习惯将设计元素有序统一地安排进画面中，从而产生富有视觉张力的版面效果，增强版面信息的传达效果。所以在版式设计的过程中，要求设计师不能只凭借感性经验来构建画面，更多的是通过人们的认知习惯来反推版式设计的视觉美学法则。

　　本书力求在表面层级与观念层级两个维度来阐述版式设计的各个部分，并通过大量经典案例来例证、解读，希望能为每位需要灵感的设计师提供有效帮助，利用本书中的技巧来强化自身能力，创作出严谨且富有视觉张力的作品。

　　本书由庞博、孙惠、李响、史宏爽编著，刘林、辛颖负责插图的整理和文字的修订，参与了部分编写工作。由于作者水平所限，书中难免存在疏漏和不足之处，希望广大读者批评指正，提出宝贵的意见和建议。

　　本书提供了PPT教学课件、教学大纲和Photoshop视频教程等立体化教学资源，扫一扫右边的二维码，推送到自己的邮箱后即可下载获取。

编　者

目 录

第5章 版式设计中的文字

第6章 版式设计中的图像

第7章 版式设计的风格

第8章 版式设计在不同媒介中的应用

第1章 版式设计概述

本章概述：

从版式设计的历史沿革让读者理解版式设计中的重要概念及各个元素的作用与价值，同时对版式设计未来的发展趋势进行展望。

教学目标：

通过本章内容的学习，让读者了解版式设计的历史和各阶段的主要发展概况，同时理解版式设计中各个单元的概念及基本原理。

本章要点：

版式设计的主要概念、各发展历史阶段及主要特点，以及版式设计未来发展的主要沿革方向。

‹   ALL   WEB DESIGN   LOGO DESIGN   ILLUSTRATION   PHOTOGRAPHY   VIDEO   ›

在现代生活中，人们从事各行各业都需要掌握一定的基础技术。例如，在日常生活中人们几乎每天都在接触与感受着的版式设计，作为一名观众，常常因为它们太过于常见或是缺乏了解而忽略它们的客观存在；而作为一名设计师，关注和掌握这些设计行业中的技术手法则至关重要。

1.1 关于版式设计

版式设计作为现代设计艺术，并不是以单纯排列版面为目的，而是为了更好地传达信息，体现主题内容的思想，增强信息的表现力。从表面来看，版式设计只是一种编排方式，事实上版式设计的技术和艺术已经统一。自从有了印刷技术，版式设计发展便贯穿于人类发展的历史之中，每一种媒介技术的产生都引发版式设计的新变革。

人们日常翻阅的报刊、阅读的图书、浏览的网页、欣赏的富有意义的艺术海报，以及公交车站牌上的户外广告、街上陌生人递来的宣传单、商场里形形色色的商品包装等，在这些日常生活常见的物品中，人们都在不知不觉地感知设计、体验设计。而这些通过图形、文字、符号、色彩来影响人们视觉感知和心理活动的信息就是通过恰到好处的版式设计传达出来的。版式设计不仅仅是一种艺术设计，同样也是一种技术设计，是需要应用一些版式的构成原理来规范的编排技术。

1.1.1　版式设计的概念

　　版式设计是指设计人员根据设计主题和视觉需求，在预先设定的有限版面内，运用造型要素和形式原则，根据特定主题与内容的需要，将文字、图形及色彩等视觉传达信息要素，进行有组织、有目的的组合排列的设计行为与过程。

　　版面译自英文 layout 一词，意为在一个平面上展开和调度，既有平面设计方面的概念，也有建筑、展示设计等方面的任务和要求。因此，版式设计是现代设计艺术的重要组成部分，是视觉传达的重要手段。从表面看，它是一种关于编排的学问；实际上，它不仅是一种技能，更实现了技术与艺术的高度统一。可以说，版式设计是现代设计者所必备的基本功之一。

1.1.2　版式设计的目的

　　版式设计的目的，一是为了将版面中有关的信息要素进行有效配置，配合以易读的结构形式，使人们在阅读过程中能够了解并记忆内容所传达的信息，有效地强化对版面信息的感知度；二是增强版面中的艺术观赏性，使版面中带有艺术价值的氛围。

1.1.3　版式设计的用途

　　版式设计可以说涉及人们生活的方方面面，人们在大街小巷看到的商品宣传海报招贴（图 1-1），人们浏览翻阅的书籍杂志（图 1-2）和报纸（图 1-3），产品包装上的图案造型（图 1-4），销售人员街头派发的传单（图 1-5），甚至人们日常浏览的网页（图 1-6）、滑动的手机屏幕界面（图 1-7）等都是版式设计的成果展示。版式设计的原理和技法贯穿于每个平面设计的始终。

图 1-1　可口可乐商业海报招贴

图 1-2　杂志内文设计

图 1-3　报纸设计

图 1-4　包装设计

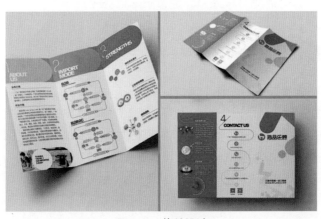

图 1-5　传单设计

图 1-6　网页设计

图 1-7　App 界面设计

1.2　版式设计的发展历史

对于平面设计师来说，对设计历史的研究可以提供设计创作的灵感，并且增加对设计未来发展的洞察力。版式设计的理论形成与平面设计史是密不可分的。

1.2.1　版式设计的起源

毫不夸张地说，自从人类开始在泥板上用楔形文字（图 1-8）记录信息开始，就已经需要考虑如何进行排版设计了。版式设计发展的历史应该说是从创造符号与文字时开始的。在古代的原始绘画中，我们的祖先就创造了各种形象的符号，因而也产生了布局、排版等日后版面设计的因素。无论是岩洞石壁上的绘画涂鸦（图 1-9），还是在泥板或兽骨上刻写的各种象形文字（图 1-10），都体现了人们最早的编排意识。由于在当时各种书写材料得之不易，所以当时的画面尽可能放满了图形文字，构成满版的视觉效果，如图 1-11 所示。

图 1-8　楔形文字

图 1-9　岩洞壁画

图 1-10　甲骨文

图 1-11　饱满的版面

1. 编排意识的诞生

在早期的两河流域，苏美尔人很早就创造了利用木片在湿泥板上刻画的楔形文字。这种文字在公元前 2000 年发展成熟，目前从不少重要的文物中可以看到这种文字的特点。书写者运用一些线条将文字分隔，使画面出现一种节奏上的变化。这也许是世界上对一个平面上各种要素进行分隔处理的最早尝试，如图 1-12 所示。

图 1-12　有线条分割的楔形文字

2. 古代排版技术手段

现在，打开计算机就能对你想要的文字和图形进行编排，那么在活字印刷术出现之前，书籍是如何传世的呢？下面介绍古代的排版技术。

图1-13　原始社会时期使用的符号

1) 原始社会

在原始社会，人类没有纸张和笔去记录事情，他们就用洞穴里的墙壁为载体，用石子或者某种带有色彩的矿物在墙壁上刻出来。在人们学会使用火种之后，又使用烧焦的木炭在墙壁上书写绘画，如图1-13所示。

2) 隋代

在隋代之前，书本只有依靠书写良好的人去一笔一画地抄写下来。"手抄"本具有明显的缺点：其一，很容易抄错字、抄漏字；其二，效率极低，一本书往往需要花费很长时间才能抄完；其三，极大地限制了知识的传播速度和普及率。

3) 唐代

这一时期是中国排版设计飞速发展的重要阶段。公元618年，唐王朝建立，结束了隋末的战乱局面，国家再度统一。唐代开放包容的社会风气，带动了学术思想的活跃，各种学科著作成果丰硕，且上层阶级十分注重图书的收集。仅仅依靠手工抄录无法满足当时社会对于图书的渴求，采用新的排版、印刷方式来改变这种状态的需求越来越迫切。

同时，经历了汉末魏晋南北朝的漫长发展，此时的社会已经具备了印刷所需的相应条件：纸、墨、石刻、捶拓等技术均已成熟，特别是造纸技术，自汉代发明之后，经过一代代人的努力，造纸原料不断扩大，技术不断改进和提高，到了唐代造纸术更是发展到高峰。因此，雕版印刷术应运而生。

雕版印刷的版料，一般选用质地细密、坚实的木材（如枣木、梨木等），然后把木材锯成一块块木版，把要印制的字写在薄纸上，反贴在木版上，再根据每个字的笔画，用刀一笔一笔雕刻成阳文，使每个字的笔画在木版上突出。

从目前遗存的印刷品数量上看，唐代印刷量最大的是佛教经卷。这一时期佛教兴盛，人们对印刷佛经的需求量较大。从最初简单的佛像、译本到大量的经文书籍都有雕版印刷术的身影，从目前遗存的经文印品中仍然能够体会到当时雕版印刷业的兴盛。例如《金刚经》《无垢净光大陀罗尼经》《大圣毗沙门天王像》（图1-14）等。

4) 北宋

到了北宋时期，平民发明家毕昇总结了历代雕版印刷丰富的实践经验，经过反复试验，发明了胶泥活字印刷术，在宋仁宗庆历年间制成了胶泥活字，实行排版印刷，完成了印刷史上一项重大的革命。

毕昇的方法是这样的：用胶泥做成一个个规格一致的毛坯，在一面刻上反向单字，笔画突起的高度像铜钱边缘的厚度一样，用火烧硬，成为单个的胶泥活字。为了适应排版的需要，一般常用字都备有几个甚至几十个，以备同一版内文字重复的时候使用。遇到不常用的冷僻字

图1-14　唐末五代时期雕版印刷品
《大圣毗沙门天王像》

字时，如果事前没有准备，则可以临时刻制。图 1-15 为活字拓版。

图 1-15　活字拓版

1.2.2　版式设计的发展

对于版式设计而言，有两个因素对其发展演变产生重要的影响：一是创建各种图形和文字的技术手段；二是特定的历史文化发展背景。

可以说，版式设计是随着人类文明的诞生而产生的，在其漫长的发展史中我们可以窥见人类整体的文明与科技发展水平，版式设计的技法与风格是随着当时时代的基础技术与制作工艺的改进而变化的，版式设计每一次变迁的背后都是人类科技与技术的一次跃进，这体现了版式设计与时俱进的特点，但与此同时，在数千年的演变过程中，众多版式设计的法则却始终被人们坚持与传承，这是版式设计的传承性。

1. 早期人类文献中的版式设计

在人类早期文明发展阶段，无论是岩洞石壁上的绘画涂鸦，还是泥板或兽骨上刻写的各种象形文字，都有了最早的编排意识。古埃及人运用当地的草纸和石碑作为工具，书写了许多反映当时的政治、经济、宗教和文化方面的重要文献。这些文献图文并茂，运用了许多象形文字和插图。从平面设计的角度而言，它们具有相当高的设计水平。如《死亡之书》（图 1-16）中许多插图文字的组合编排错落有致，在对称中呈现出一种变化。各种图形穿插在文字之间，色调上变化十分细腻有序，和文字形成了对比。古埃及的文献（图 1-17）中还运用了许多直线来分隔文字，和东方国家运用木版印刷的书籍编排十分相似，但古埃及的文献还没有固定统一的尺寸，大小不一。古埃及人还没有掌握以后书籍装帧设计中经常运用的统一而有变化的编排方法。在古代文献中，中国的甲骨文和青铜铭文（或称金文）（图 1-18）是一种十分特殊的文字。文字中既有象形的成分，也有会意、仿音等造字要素。尽管在文字的组合方面没有特定的框架，但还是运用了文字和笔画之间的疏密进行组合处理。甲骨文和青铜铭文的文字组织构成了以后中国文字设计的基础（图 1-19）。笔画的处理原则对于中国平面设计及绘画的一些基本组织编排观念的形成和发展产生了巨大的影响。进入封建社会后，中国人以自己的创造发明在世界历史上留下了非常光辉的一页。"四大发明"中的印刷术和造纸术，对整个世界文明和文化传播起着革命性的推动作用。

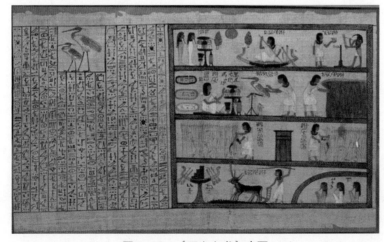

图 1-16　《死亡之书》内页

图 1-17 古埃及的草纸书星占文献

图 1-18 中国铭文拓本

甲骨文	金文	小篆	隶书	楷书	行书	草书
火			火	火	火	
日			日	日	日	日
月			月	月	月	月
山			山	山	山	
田		田	田	田	田	

图 1-19 各种文字对照表

2. 东方古典书籍和印刷的版式设计

造纸术在东汉时期就发展起来了，随之印刷术也逐步发明和完善，从而使当时中国的平面印刷和设计远远走在世界前列。早期的印刷术为石版拓印，这种从东汉就开始流行的方法，在一些特别的领域至今仍被应用。从唐代起，出现了运用木版印刷的印刷品，如现存最早的木版印刷品《金刚经》（图 1-20）印刷于公元 868 年。木版印刷（图 1-21）使印刷品的质量和生产效率有了很大的提高，因而被普遍推广运用。从唐代到清代末年，中国的书籍、包装、年画和其他一些主要的印刷品都是运用木版印刷的方法印制的。木版印刷术对当时平面设计的影响是很大的。中国的艺术家们运用木版印刷技术，创造了一种特定的艺术形式——年画。在插图方面，从早期的《金刚经》《四美图》（图 1-22）到清代陈老莲的《水浒叶子》（图 1-23），各种文学插图达到了很高的水平（图 1-24）。至于书籍装帧设计，中国人运用自己的纸张印刷和装订技术，在唐宋时期已形成和西方完全不同的独特方法和风格。中国的木版年画有很长的发展历史，在清代达到了创作的高潮。以桃花坞、杨柳青等为代表的民间年画，其设计风格色彩鲜亮，造型生动，在构图上不强调深度而强调装饰性与平面化，如《金玉满堂》（图 1-25）、《一团和气》（图 1-26）等。年画在文字的编排上表现出中国传统绘画的构图特点，其中许多作品还应用了框线加色块的方法，极富特色。

图 1-20　现存最早的《金刚经》拓本

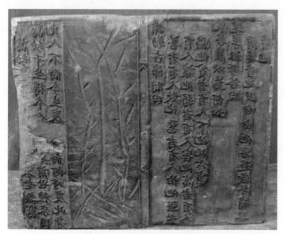

图 1-21　木版印刷印版

图 1-22　现存最早的年画——金代的《四美图》

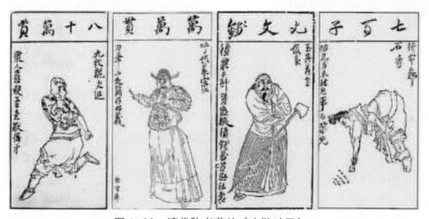

图 1-23　清代陈老莲的《水浒叶子》

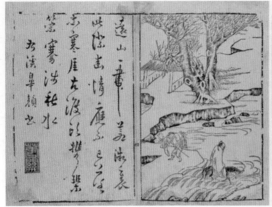

图 1-24　《唐解元仿古今画谱》

图 1-25　《金玉满堂》木版年画　　　　　图 1-26　《一团和气》木版年画

3. 西方中世纪书籍印刷品的版式设计

西方中世纪的平面设计主要体现在各种手工书写和绘制的宗教书籍上。当时由于纸张的制造技术还没有从中国传播到欧洲，人们主要在十分珍贵的羊皮纸上进行书写（图 1-27）。一本 200 页的书籍，一个书写者要花四五个月的时间才能够完成，所以书籍在那时是非常贵重的东西，只有少数贵族统治阶级才能享用。在设计上，手工制作的书籍具有很高的艺术价值。许多书籍上运用了金银等贵重的材料（图 1-28），如在染成深紫红色的羊皮纸上用金色或银色描绘各种花卉，或在人物背景上用金色和红色绘制出各种图案或风景。许多图案装饰华美，刻画细腻，如图 1-29 所示。文字运用各种装饰字体，画面十分注重文字和图形的色调对比，特别是图案运用植物的曲线组合（图 1-30），形成一种色调匀称的肌理。插图和文字之间不像中国的书籍那样有着分明的界限，常常交叉在一起，但在色调上层次分明，和原先古埃及、古罗马的纸草文献不同，欧洲中世纪的书籍纸张有了同样大小的尺寸，并装订在一起，形成了现代书籍的基本样式，如图 1-31 所示。

图 1-27 《十戒》羊皮纸文稿

图 1-28 15 世纪贴有金箔的精美羊皮纸书

图 1-29 西方古代绘图细腻的羊皮纸书

图 1-30 运用植物的曲线组合

图 1-31 旧书古籍

　　在公元 1400 年以后，欧洲各国开始逐步建立起自己的造纸业，纸张被普遍地采用。同时欧洲人也运用木刻的方法印制多种印刷品。在这样的技术基础上，书籍设计也有了根本性的进步：一方面出现了比手写字体更为规范、更为精细的字体；另一方面出现了更为简洁、明快，具有大面积空白的编排样式。如德国的阿尔布雷特·丢勒设计的介绍非洲动物的书籍（图 1-32），插图精美，在编排上文字和图形通过方形框线划分，疏密得当，文字形成了紧密的灰色色块，与插图旁的空白形成对比，大多数版面运用单栏的文字编排样式。1498 年，丢勒为《启示录》设计的木刻插图（图 1-33），是德国木刻艺术的经典之作；他为许多书籍进行装帧设计，并出版了书籍装帧设计的理论专著《运用尺度设计艺术的课程》，具体讨论了运用几何比例和图形的方式进行字体设计；他将笔画的宽度和字体的高度设定为 1：10 的关系（图 1-34），然后再以此推断出各个字母和笔画之间的比例关系；他对拉丁字体进行了全面而科学的改进和完善，使字体设计高度理性化；他是最早运用数学和几何方法对平面设计及编排设计进行研究的大师，对平面设计艺术和绘画艺术都有很大的贡献。

在丢勒等一批杰出设计家的带领下，德国的书籍装帧设计开始具有很强的插图风味，强调复杂的绘画表现，版面层次丰富。同时一些设计家也开始注意画面插图和文字的色调对比，运用不同的外形插图，造成画面的变化，如《罗斯柴尔德祷告书》（图 1-35）这本书是文艺复兴时期弗拉芒画派创作的最高成就作品之一，共 150 页。书中含有奢华且丰富的精致插图，绘制写实唯美，内容生动形象，所有插图均由当时最负盛名的彩饰书稿艺人创作完成，美妙绝伦。由于印刷技术水平的提高，字体越来越精细，不断缩小，在部分书籍中出现了一定的留白，这在以往片纸如金的书籍装帧中是极少见的。15 世纪末开始，德国的印刷和设计方法流传到各国，在欧洲引发了一个平面设计、字体设计的发展高潮。在文艺复兴的中心意大利，印刷工业和平面设计走在前列。意大利的书籍装帧设计大量采用花卉图案，各种卷草纹样包围着文字（图 1-36）。在文艺复兴后期，设计家在版面的组织编排方面有了比较大的创新，出现了相当复杂的平面布局。在 18 世纪，由于洛可可艺术的影响，各种曲线装饰和花体字成为基本的设计要求，非对称而华丽的版面布局成为一种时尚。英国的设计风格简洁、明快、清晰，利用金属腐蚀方式制版的插图和精细而布局宽松的文字字体，使英国的书籍版面在感觉上与现代书籍非常接近。例如，1832 年，英国托马斯·比维克创作的《英国鸟类史》书籍作品中的一页（图 1-37），是用金属腐蚀版印刷的。从画面上来看，金属腐蚀版印刷的书籍在质量上大大优于木版印刷。在编排上，通栏排列的文字和精细的插图，与现代书籍设计在外观上已经十分接近了。

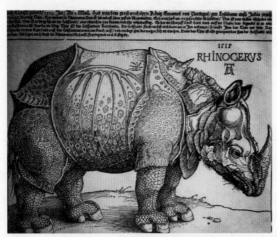

图 1-32 介绍非洲动物的书籍

图 1-33 《启示录》中的四骑士木刻插画

For web: © M.Klein Nov. 2003; thank you, Albrecht Duerer!
(He needs no fee anymore, gentlemen! J, U, W are missing.
Email Albrecht in case of need.)

图 1-34 丢勒设计的字体

图 1-35 《罗斯柴尔德祷告书》

图 1-36 中世纪卷草纹样设计的字体

图 1-37 《英国鸟类史》书籍设计中的一页

4. 工艺美术运动

工艺美术运动是世界进入现代工业社会后第一个具有广泛影响力的设计运动，但是走的是一条回到中世纪手工业时代的设计老路，在设计方法和风格上的探索并不能从根本上解决工业化之后摆在设计和现代工业之间的矛盾。设计师的设计尽管十分精美，但仍然复杂，甚至显得烦琐，在制作成本、工艺技术等方面都给印刷和装订造成了困难，那种充满繁复图案的画面还在观众接受设计所要传达的信息时造成障碍。尽管如此，工艺美术运动对于精致而合理化的设计追求，对于民族的和手工业的设计生产方式的推崇至今有一定的正面意义，如莫里斯的《乔叟集》文字版面的处理被称为他最好的作品之一，对版面上文字与图案的色调对比节奏把握得非常精妙，双栏的排列由于使用了长短不一的方式也别具特色，如图 1-38 所示。

5. 新艺术运动与装饰艺术运动对版式设计的影响

　　在设计形式方面，人们还需要更合乎现代技术和现代人们思想情感的语言表达形式。新艺术运动是 20 世纪初在世界范围内具有极大影响力的艺术流派，其起源于法国，但在欧洲其他国家却有着不同的称谓，如德国的新艺术运动被称为"青年风格"（图 1-39），在奥地利则以"维也纳分离派"著称。新艺术运动主张"新"，提倡向生活学习，向自然学习。在风格上强调装饰性、象征性，在平面设计的完美性方面达到一个新的高度。新艺术运动的平面设计以招贴广告和书籍设计为主，如图 1-40 和图 1-41 所示。

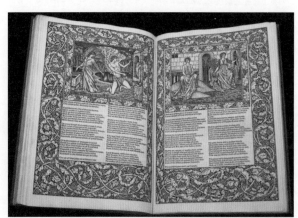

图 1-38　《乔叟集》文字版面　　　　　　　图 1-39　1896 年德国《青年》杂志封面设计

图 1-40　图卢兹·罗特列克设计的《红磨坊》招贴　　图 1-41　新运动时期儒勒·舍雷设计的海报招贴

　　装饰艺术运动的名称来源于 1925 年的巴黎世界博览会，这一届世博会以"装饰艺术与现代工业"为主题。相对发展比较晚一些的装饰艺术运动与新艺术运动后期的设计风格具有一定的相似性。装饰艺术的主要特点也是具象型的装饰性处理，但在编排和装饰图形上处理得更加几何化（图 1-42），更为明快和简练。在构图布局上趋于宽松，对称式的满构图渐渐让位给均衡式构图。在书籍设计方面，版心越来越小，装饰图案减少，版面的色调变得清淡、典雅起来。装饰艺术在设计思想和风格的许多方面并不是界限分明的。其中有许多设计家结合当时各国的本地文化与新兴的技术手段进行创作，具有鲜明的风格特征。在 20 世纪二三十年代，新艺术运动与装饰艺术运动在许多国家，包括东亚的中国和日本都有发展，一般都被冠以"新风格"和"现代风格"的名称。当时中国一些书籍装帧设计与海报招贴都显示出"中西合璧"的特点（图 1-43）。设计者运用大面积的色块对比，简洁而具有视觉冲击力。

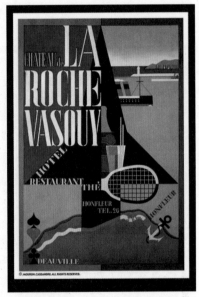

图 1-42　卡桑德尔设计的《L.M.S 最好的铁轨》海报

图 1-43　中国 20 世纪 30 年代的海报

6. 未来主义、达达主义和客观广告

同时期，许多设计家在艺术表现方法上也进行着创新。法国设计大师卡桑德尔运用喷笔等新工具对形象进行高度概括的表现。如卡桑德尔设计的《诺曼底邮轮》海报（图 1-44），用简洁、有力的几何形态充分表达出由机器带来的现代感，是法国新艺术后的关键性突破。但透视和色彩还是具有很强的装饰性，这使其停留在现代感的层次，形式上的现代性构建最终由构成派全面达成。他在编排技巧上运用了许多新的处理方法，比如将文字围绕着画面的边框编排，运用几何图形造成一种放射感，形成画面的张力，大胆地将几个画面组合在一起，形成连续性的构图等。如图 1-45 为卡桑德尔设计的《北方之星》海报，在造型上运用宽窄不一的数列线条表现列车轨道，对图形的简练概括可谓达到了极致。他把画面形象简化到图解的程度，完全利用铁轨的透视和道岔的交错组成抽象几何图案，画面的纵横线条体现出大地的宽广，金属渐变色有力地表现出铁轨的机械美感，给人一种厚重、安全的心理感受。

另外，立体主义、象征主义等新的绘画艺术手法也被许多设计家应用到设计上来。在人们试图以各种各样的新方式寻求平面设计表达语言的同时，一批设计家以激进的观念和方法进行设计和艺术方面的探索。以意大利费里波·马里涅蒂为代表的未来主义艺术家们认为：真正的艺术灵感来自于技术，来自于工业。他们对高速运动的机器——汽车、飞机非常推崇，认为这些东西表现了时代的精神。他们反对一切形式的传统艺术和文化，把它们视为艺术的坟墓。后来发展起来的达达主义在思想的基本倾向上和未来主义相同。他们反对现行的艺术，反对理性，认为世界上没有任何规律可以遵循，唯一可以遵循的是机会和偶然性。未来主义和达达主义的设计师们将其理论运用在设计实践上，强调自我、非理性、杂乱无章和混乱是其设计风格的基本特征。他们打破传统的编排和阅读规律，将版面、文字和图形作为一种游戏因素，进行非常随意的编排，以突出表现效果。汉斯·阿尔普按照偶发规则排列的拼贴，运用的正是这种方法，如图 1-46 所示。未来主义设计家有时将文字组合为具象的图形，将文字任意地直排或斜排，大小不一甚至随意排列；有时将各种文字、图形组合穿插在一起，让读者的视线自由地在版面上游动。他们的作品与其说是平面设计，不如说是一幅图画，如图 1-47 所示。

图 1-44　卡桑德尔设计的《诺曼底邮轮》海报

图 1-45　卡桑德尔设计的《北方之星》海报

图 1-46　汉斯·阿尔普按照偶发规则排列的拼贴

图 1-47　毕卡比亚与别人合编的《达达》杂志的封面

7. 早期现代主义和瑞士现代主义

早期现代主义对平面设计发展的主要贡献有：①创造了以无装饰线脚的国际字体为主体的新字体体系，并将其广泛运用；②对抽象图形，特别是硬边几何图形在平面设计上的应用进行全面的研究和探讨；③将摄影作为平面设计插图的一种重要手段进行开拓性的研讨；④将数学和几何学应用于平面的分割，为骨骼法的创造奠定了基础；⑤最重要的是，提出了"功能决定形式"的著名主张，以及将技术、市场等要素作为设计基础的思想。

德国包豪斯学校的设计家则在其他方面具有杰出的表现。莫霍利·纳吉对书籍的版面运用线条进行分割，插图和文字根据其不同的功能填入分割后的空间，开创了运用骨骼法进行编排设计的先河（图 1-48）。另外几位设计家运用几何图形和文字设计的招贴，让人们了解到一种全新视觉设计表达语言的魅力，如图 1-49 中，便是由包豪斯毕业的赫伯特·拜耶设计的商业海报，仅仅运用几何图形与文字便创造出亮眼且寓意深刻的海报。

图 1-48　莫霍利·纳吉设计的招贴

图 1-49　赫伯特·拜耶设计的展览海报

另外，荷兰新风格派的设计家在平面编排设计方面有许多创举。他们对字体的自由组合、对画面的几何形态划分与群组都有相当深入的研究（图 1-50 和图 1-51）。第二次世界大战期间，欧洲中立国瑞士在平面设计方面的发展有了特定的机遇。大批设计家从各国逃亡到瑞士，将最新的设计思想和技术也带到了这里，使其在一段时间内走在世界发展的前沿。现代主义在此基础上得到进一步的发展和完善，最终形成了所谓的瑞士现代主义。比起早期现代主义的设计，瑞士的设计家们使平面设计在视觉效果的统一性、完整性、精确性及设计方法的可操作性、可变性等方面都大大前进了一步。这些设计家创作了一大批在设计、制作与印刷方面都相当完美的杰作，赢得了国际上的声誉，推动着现代主义运动走向世界。

8. 后现代主义

后现代主义的设计家企图打破现代主义的束缚，从历史传统、本地文化或现代文化中汲取营养，同时从现代社会思想及文化的发展中寻找灵感，从而走出一条创新之路。就编排设计而言，在这些设计流派中，比较突出的有"新浪潮"。这种风格可以说是现代主义最直接的继承者和反对者。在这些作品中运用的是现代主义常用的字体和几何图形，但在构成规则上进行大胆突破（图 1-52），其编排原则依据于人主观的直觉判断，使画面具有不寻常的冲击力。从一定的角度上讲，这些设计具有达达主义的一些特征，如图 1-53 所示。

图 1-50　以几何图形设计的基本元素

图 1-51　蒙德里安设计的红黄蓝格

图 1-52　沃夫根·魏纳达设计的招贴

图 1-53　丹·弗里德曼设计的招贴

　　后现代主义长久地将摄影和其他"机械"手段作为图形的主要表现语言之后，人们有了重新运用"手绘"这一人类最古老也是最亲民的表达方法的强烈渴望。如图 1-54 为福田繁雄设计的《贝多芬第九交响曲》系列海报，其中利用了手绘的方式强化贝多芬面部的明暗对比。

　　采用折中的、自然的、极富人情味的画面成为各国设计师的一时之选，涌现出许多"纯艺术"的绘画大师，并加入了招贴设计等印刷品行列，使这个领域在风格上呈现出"百家争鸣"的景象。如图 1-55 为美国画家沃霍尔于 1962 年创作的《玛丽莲·梦露双联画》。

图 1-54 《贝多芬第九交响曲》系列海报

9. 计算机对现代版式设计的影响

20 世纪 80 年代以来，随着计算机技术的发展和普及，特别是苹果 Macintosh 计算机（图 1-56）及后来个人计算机的开发和完善，使计算机成为设计师必不可少的设计手段。

1988年9月19日
Macintosh IIx

图 1-55 《玛丽莲·梦露双联画》　　　　图 1-56 苹果 Macintosh 计算机

设计师通过使用计算机，可以在短时间内对设计方案进行大量修改，快速对设计方案进行优化和完善，从而有了更多的设计表现和制作手段。人们已经发明或创造了许多只有在计算机上才可能绘制出的设计风格，它们现在正成为世界性的风格，流行于设计的各个领域。计算机的运用使设计中各种视觉要素的组合有了更多的可能性：形的边缘变得模糊，各层次之间的关系也显得难以确定，空间变得充满深度感，画面的肌理比以往任何时候都要复杂和精细。设计师可运用计算机中的各种工具对图形图像进行各种各样的处理，以建立各种骨骼，自由快捷地将图形文字填入其中。

计算机将设计带入了新的纪元，全球的设计师面临的是一个光辉灿烂但需要努力探索的世界。

◆▶ 1.2.3 版式设计的历史背景

在版式设计的发展历程中，诞生了许多至今都令人叹服的理论依据。正因为有了这些著名的原理和理论，让版式设计有了系统的布局。

1. 黄金分割

公元前 6 世纪，古希腊的毕达哥拉斯学派研究过正五边形和正十边形的作图，关于黄金分割比例的起源大多认为来自毕达哥拉斯学派。0.618∶1就是黄金分割比例（图 1-57），这是一个伟大的发现。

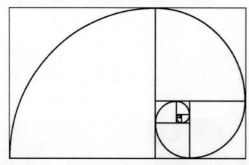

图 1-57　黄金分割比例

在文艺复兴时期前后，黄金分割定律经过阿拉伯人传入欧洲，受到了欧洲人的欢迎，他们称之为"金法"。17 世纪，欧洲的一位数学家甚至称它为"各种算法中最宝贵的算法"。这种算法在印度被称为"三率法"或"三数法则"，也就是我们常说的比例方法。

中世纪后，黄金分割定律被披上神秘的外衣，意大利数学家帕乔利将黄金比例称为神圣比例，并专门为此著书立说。德国天文学家开普勒称黄金分割为神圣分割。

黄金分割具有严格的比例性、艺术性、和谐性，蕴藏着丰富的美学价值，这一比值能够产生美感，被认为是建筑和艺术中最理想的比例，如图 1-58 所示。

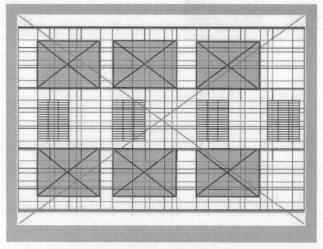

图 1-58　在编排中运用黄金分割比例

　　一些画家在实践中发现，按照 0.618∶1 来设计的比例，画出的画面最优美，在达·芬奇的作品《维特鲁威人》(图 1-59)、《蒙娜丽莎》(图 1-60)，还有《最后的晚餐》中都运用了黄金分割比例。现今的女性，下半身的长度平均只占身高的比值为 0.58，因此古希腊的著名雕像断臂维纳斯及太阳神阿波罗都通过故意延长双腿，使下半身与身高的比值为 0.618。建筑师对数字 0.618 也特别偏爱，无论是古埃及的金字塔，还是法国的巴黎圣母院，或者是近世纪的法国埃菲尔铁塔、希腊雅典的巴特农神庙，都有黄金分割比例的运用。

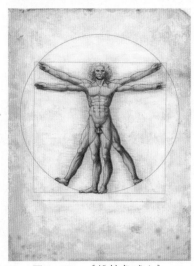

图 1-59　《维特鲁威人》

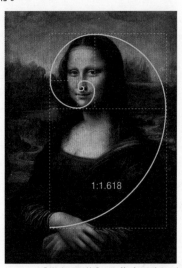

图 1-60　《蒙娜丽莎》的黄金分割示例图

2. 斐波那契数列

　　斐波那契数列，指的是这样一些数 1,1,2,3,5,8,13,21,34,55,89,144,233,377,610,987,1597,2584,4181,6765,10946,17711,28657,46368…

　　这个数列从第 3 项开始，每一项都等于前两项之和。

　　有趣的是，这样一个完全是自然数的数列，通项公式却是用无理数来表达的，而且当 n 趋向于无穷大时，前一项与后一项的比值越来越接近黄金分割比例 0.618(或者说后一项与前一项的比值小数部分越来越接近 0.618)。

　　1÷1=1，1÷2=0.5，2÷3=0.666…，3÷5=0.6，5÷8=0.625，55÷89=0.617977…，144÷233=0.618025…，46368÷75025=0.618033…

　　越到后面，这些比值越接近黄金分割比例，如图 1-61 所示。

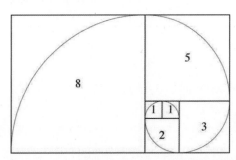

图 1-61　接近黄金分割比例的斐波那契弧线

3. 范德格拉夫原理

很多人看了两点一线的范德格拉夫原理的阐释，并不清楚那些线是怎么画出来的，其实研究一下，发现很简单，可以参考摄影构图中的黄金三等分法或者几何模型，就是找三等分点，画相交线，如图 1-62 所示。

简约的作品通常是经过一些复杂的步骤得到的，而有时候则是不假思索或是机缘巧合而形成的。

如图 1-63 中有两个红色的矩形框，它们分别被两个黑色矩形框所包围。大家有没有想过为什么这两个红色矩形框出现在这样的位置，而不是更往下或者左边一点呢？其实这两个红色矩形框是通过有名的范德格拉夫原理所得到的，这一原理也被称为"秘密原理"，用于许多中世纪的手稿和古书中。图 1-64 为该原理的规范示例图。

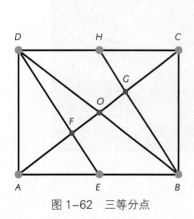

图 1-62　三等分点

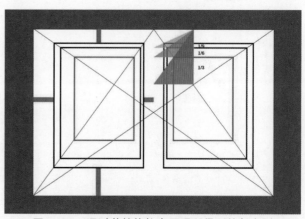

图 1-63　通过范德格拉夫原理所得到的长方形

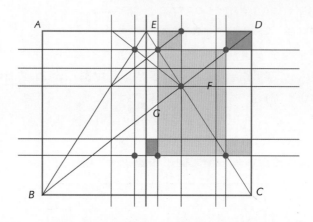

图 1-64　范德格拉夫原理的规范示例图

范德格拉夫提出古腾堡（德国活版印刷发明者）和其他人如何将书页划分为 1/9 和 2/9 的空白，并且使文字区和整个页面的长宽具有相同的比例。

通过上图进一步搞清楚这两个看似不起眼的红色矩形框给我们带来的灵感和启发。从图中不难发现，这两个红色矩形框是通过这些辅助线而构成的，而在前面的图片中隐藏了这些辅助线。

通过这样的构图方法让整个页面达到我们所说的"页面和谐"，使人在阅读红色矩形框里面的内容时觉得很自然、很舒服。

4. 维拉尔·德·奥内库尔图标法

维拉尔·德·奥内库尔图标法是一种分配空间的方法，与斐波那契数列不同，任何比例的页面都可以再分。针对一个黄金分割比例的开本，此方法将页面的高和宽平均分为 9 份，创造出 81 个具有相同版式和文本框比例的单元，如图 1-65 所示。

单元的高度和宽度决定了页边距。这 9 种方法在横开本中同样有效。

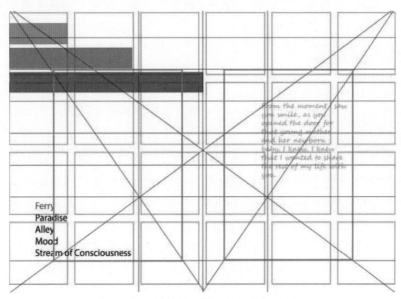

图 1-65　维拉尔·德·奥内库尔图标法

1.3　版式设计的发展趋势

版式设计经过长久的发展，在面对互联网的迅速崛起时，也同样迎来了新的面貌，在互联网形势下，显示出强调创意、注重情感、彰显个性、突出时代感的发展趋势。

1.3.1　强调创意

内容与形式紧密相连的表现方式，已经成为版式设计的发展趋势。设计师已不再重复以往习惯性的条条框框，敢于打破前人的设计传统，并在司空见惯的事物中发掘出新意来，树立起大胆想象、勇于创新的设计观念，从而开启了一场全新的设计思维和设计理念的革命。没有创意的设计作品等于失去了灵魂，版面设计师的推陈出新、不拘泥于常法就显得相当重要，设计师要大胆想象，敢于探索，树立勇于创新的设计观念推动版式设计不断向前发展。

◆◆▶ 1.3.2　注重情感

从当今世界各大媒体的发展趋势来看，版式设计在表现形式上正在朝着艺术性、娱乐性、亲和性的方向发展。过去那种重视合理性、生硬说教、千篇一律的版面形式已经被取代，深化为一种新艺术、新文化、新感受、新情趣，从而更加具有魅力和吸引力。这种极具人情味的趣味性和观赏性，能够迅速吸引人们的注意力，激发他们的兴趣，达到以情动人的目的。这种"以情动人"的理念是艺术创作中奉行的原则，在版式设计中体现感情的因素，合理运用编排的原理来准确传达情感，或抒情，或轻快，或激昂，这种情绪的表达是版式设计更高层次的艺术表现和发展趋势。

◆◆▶ 1.3.3　彰显个性

个性发挥是现代人们行为事物中经常使用的词汇，人们在看惯了一成不变的事物之后，更期待看到个性化的东西出现。个性符合时代发展，时代发展也呼唤个性。回顾历史，每一种设计潮流的发展都离不开对新字体风格的无休止的追求。设计的艺术性在于能够彰显设计师的独创性，使作品具有独特的魅力，而艺术创造的价值也在个性展现中得到体现。优秀的设计总是凝聚着设计师自身充满个性的创造力，不仅反映出设计师对设计内容的独特理解和设计风格，还体现出设计师的情感、修养、思想等诸多方面。好奇心是审美对象特有的心理倾向，而设计中的独创性、个别性、变化性的因素刚好符合这种心理，形式新颖、风格独特的作品不但能够增加视觉的美感，而且能带来附加值。设计师设计风格的形成，首先是建立在知识积累与人格修养上，只有具备渊博的知识和高品质的文化修养，才能对设计的内容产生独到而深刻的理解，为设计注入自身独特的灵魂。通过不断地想象，巧妙地构思，创意才能水到渠成。其次是熟练掌握、灵活运用设计语言的能力。任何设计语言的成功运用，都是经过不断地探索创新，不断地想象创造才完成的。随着社会的发展，设计风格也越来越多元化，但是无论何种风格，都应该使受众能够感受到贴题切意和新颖独特。设计师要充分发挥想象力，找到当今社会审美趣味的切入点，形成独具创意、彰显个性又符合作品内涵的设计风格。

◆◆▶ 1.3.4　突出时代感

时代精神是艺术设计美感的重要因素，设计要进行创新，在很大程度上就是要突出时代感。时代感是每一位设计师都应该追求的，因为只有作品具有时代感，才能够吸引人。时代感体现出了当今社会的审美特征，它首先表现在设计的形式意味上，设计形式美的法则并不是一成不变的，随着科技的进步和时代的发展，形式美的法则也在不断地变化和发展，时代的发展总是带动形式意味的变化，并促进形式美的发展，这种形式意味的新变化，常常成为设计中表现时代感的重要手段，用新的色彩、新的图形给读者以新的视觉享受。风格新、形式新、内容新的作品是人们基本的审美倾向。

第2章　版式设计的空间表现

本章概述：

本章主要讲解版式设计的主要构成元素、构成方式，以及设计时的视觉法则。

教学目标：

通过本章内容的学习，让读者掌握版式设计的基本构成原则及受众群体的视觉流程习惯，能够借此组织严谨且美观的版面效果。

本章要点：

点、线、面的基本概念与应用法则，如何运用网格体系构建理性且严谨的视觉版面，并通过了解受众的视觉法则来构建版面与受众之间良好的互动关系。

ALL　　WEB DESIGN　　LOGO DESIGN　　ILLUSTRATION　　PHOTOGRAPHY　　VIDEO

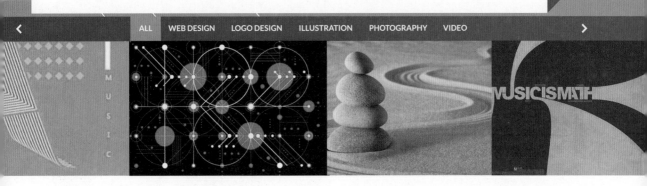

世上万物的形态千变万化，归纳这些空间的形态，均属于点、线、面的分类构成。它们彼此相互交织，相互补充，相互衬托，共生共存，有序地构成缤纷的世界。

2.1　版式设计中的点、线、面

在设计中这种特征尤为明显，任何一种版面设计，在空间原理上均归于点、线、面的分类。点、线、面是几何学的概念，是平面空间的基本元素，也是版式设计中的基本元素和主要的视觉语言形式。任何一门艺术都含有其自身的语言，而造型艺术语言的构成，其形态元素主要是点、线、面、体、色彩及肌理等，如图 2-1 所示。

2.1.1　点、线、面的概念

图 2-1　各式点、线、面构成的画面

点、线、面最初是几何概念，是指平面空间中的基本构成元素，延伸到设计的领域，点、线、面成为设计领域的艺术语言。可以说，从传统绘画到如今盛行的 UI 设计，无一不建立在点、线、面的基础上。

1. 点

点的哲学含义：点就是宇宙的起源，没有任何体积，被挤在宇宙的"边缘"；点是所有图形的基础。一个点是一个零维度对象。点作为最简单的几何概念，通常是几何、物理、矢量图形和其他领域中最基本的组成部分。点成线，线成面，点是几何中最基本的组成部分。在一般意义下，点被看作零维对象，线被看作一维对象，面被看作二维对象。点动成线，线动成面。

1) 认识点

点，《辞海》中的解释是：细小的痕迹。在几何学中，点只有位置，而在形态学中，点还具有大小、形状、色彩、肌理等造型元素。在自然界，海边的沙石是点，落在玻璃窗上的雨滴是点，夜幕中满天的星星是点，空气中的尘埃也是点，如图 2-2 所示。

2) 点的表情

具体为形象的点，可用各种工具表现出来，不同形态的点呈现出不同的视觉特效，随着其面积的增大，点的感觉也将会减弱。如我们在高空中俯视街道上的行人，便有"点"的感觉，如图 2-3 所示。而当我们回到地面，"点"的感觉也就消失了。

图 2-2　星空　　　　　　　　　　　　　　图 2-3　从高空中俯视街道

在画面空间中，一方面点具有很强的向心性，能形成视觉的焦点和画面的中心，显示点积极的一面；另一方面点也能使画面空间呈现出涣散、杂乱的状态，显示点的消极性，这也是点在具体运用时值得注意的问题。

点还具有显性与隐性的特征，隐性点存在于两线的相交处、线的顶端或末端等处。

3) 点的构成

(1) 有序的点的构成：这里主要指点的形状与面积、位置或方向等诸因素，以规律化的形式排列构成或相同的重复，或有序的渐变等。点往往通过疏与密的排列而形成空间中图形的表现需要，同时，丰富而有序的点构成也会产生层次细腻的空间感，形成三次元。在构成中，点与点形成了整体的关系，其排列都与整体的空间相结合，于是，点的视觉趋向线与面，聚沙成塔，一粒粒沙子形成了一幅完整的面。这是点的理性化构成方式，如图 2-4 所示。

（2）自由的点的构成：这里主要指点的形状与面积、位置或方向等诸因素，以自由化、非规律性的形式排列构成，这种构成往往会呈现出丰富的、平面的或涣散的视觉效果。如果以此表现空间中的局部，则能发挥其长处，例如象征天空中的繁星或作为图形底纹层次的装饰。

图 2-4　聚沙成塔

2. 线

线的哲学含义：线就是由无数个点连接而成的。

1) 认识线

线是点运动的轨迹，又是面运动的起点。在几何学中，线只具有位置和长度，而在形态学中，线还具有宽度、形状、色彩、肌理等造型元素。画家克利在包豪斯授课期间，曾这样给线下了定义：线就是运动中的点。更为重要的是他把线生动地分成三种基本类型：积极的线、消极的线和中性的线。积极的线自由自在，不断移动，无论有没有一个特定的目的地；一旦有哪条线临摹出了一个连贯一致的图形，它就变成了中性的线；如果再把这个图形涂上颜色，那么这条线就又变成了消极的线，因为此时已经由色彩充任了积极的因素，如图 2-5 所示。

图 2-5　具有各种情感的线

从线的特点上讲，线具有整齐、端正的几何线，还具有徒手画的自由线。物体本身并不存在线，面的转折形成了线，形式是由线来界定的，也就是我们说的轮廓线，它是艺术家对物质的一种概括性的形式表现。

通常我们把线划分为如下两大类别。

（1）直线：平行线、垂线、斜线、折线、虚线、锯齿线等。直线在《辞海》中释意为：一点在平面上或空间中沿一定（含反向）方向运动，所形成的轨迹是直线，通过两点只能引出一条直线。

（2）曲线：弧线、抛物线、双曲线、圆、波纹线（波浪线）、蛇形线等。曲线在《辞海》中释意为：在平面上或空间中因一定条件而变动方向的点轨迹。图 2-6 为各式线构成的画面。

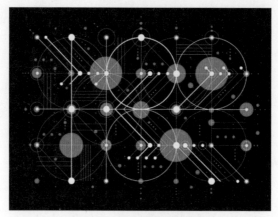

图 2-6　各式线构成的画面

2）线的表情

由于线本身具有很强的概括性和表现性，线条作为造型艺术的最基本语言被一直关注。中国画中有"十八描"的种种线形变化，还有"骨法用笔""笔断气连"等线形的韵味追求，如图 2-7 所示。学习绘画总是从线开始着手的，如速写、勾勒草图，大多用的是线的形式。在造型中，线起到至关重要的作用，它不仅是决定物象的形态的轮廓线，而且还可以刻画和表现物体的内部结构。比如，线可以勾勒花纹肌理，甚至可以说，物象的表情也可以通过线来传达。

图 2-7　十八描菩萨像

威廉·荷加斯在《美的分析》一书中这样写道：直线只是在长度上有所不同，因而最少装饰性。直线与曲线结合，成为复合的线条，比单纯的曲线更多样，因而也更有装饰性。波纹线，由于由两种对立的曲线组成，变化更多，所以更有装饰性，更为悦目。荷加斯称之为"美的线条"。蛇形线，由于能同时以不同的方式起伏和迂回，会以令人愉快的方式使人的注意力随着它的连续变化而移动，所以被称为"优雅的线条"。荷加斯还提到，用钢笔或铅笔在纸上画曲线时，手的动作都是优美的。

曲直浓淡多变的线是造型艺术强有力的表现手段，它是形象和画面空间中最具表情和活力的构成要素，也是古今中外艺术家一直钟爱的视觉表现元素。我国美学家杨辛在谈到新石器时代的半山彩陶时写道："它的图案装饰是线，由单一的线生出各种不同的线，如粗线、细线、齿状线、波状线、红线、黑线等，运用反复、交错的方法，把许多有规律的线组合在一起，使人感到协调，好像用线条谱成'无声的交响乐'"。

3. 面

面的哲学含义：面就是由无数条线组成的。

1) 认识面

扩大的点形成了线，一根封闭的线构成了面。密集的点和线同样也能形成面。在形态学中，面同样具有大小、形状、色彩、肌理等造型元素，同时面又是"形象"的呈现，因此面即是"形"，如图 2-8 所示。

2) 面的表情

面的表情呈现于不同的形态类型中，在二维范围中，面的表情总是最丰富的，画面往往随面（形象）的形状、虚实、大小、位置、色彩、肌理等变化而形成复杂的造型世界，它是造型风格的具体体现。

在"面"中最具代表性的"直面"与"曲面"所呈现的表情：直面（一切由直线所形成的面）具有稳重、刚毅的男性化特征，其特征程度随其诸因素的加强而加强。曲面（一切由曲线所形成的面）具有动态、柔和的女性化特征，其特征程度随其诸因素的变化而加强（或减弱），如图 2-9 所示。

图 2-8　面即是"形"

图 2-9　具有女性特点的"曲面"

3) 面的构成

面的构成即形态的构成，也是平面构成中需要重点学习和掌握的，它涉及基本型、骨骼等概念，我们将在后面的章节中逐一论述。这里先讲解平面空间中面与面之间的构成关系，当两个或两个以上的面在平面空间中同时出现时，其间便会出现多样的构成关系。

面与面之间的关系概括如下。

（1）分离：面与面之间分开，保持一定的距离，在平面空间中呈现各自的形态，在这里空间与面形成了相互制约的关系。

（2）相遇：也称相切，指面与面的轮廓线相切，并由此而形成新的形状，使平面空间中的形象变得丰富而复杂。

（3）覆叠：一个面覆盖在另一个面之上，从而在空间中形成了面之间的前后或上下的层次感。

（4）透叠：面与面相互交错重叠，重叠的形状具有透明性，透过上面的形可看到下一层被覆盖的部分，面之间的重叠处出现了新的形状，从而使形象更加丰富多变，富有秩序感，是构成中很好的形象处理方式。

（5）差叠：面与面相互交叠，因交叠而产生的新形象被强调出来，在平面空间中可呈现生成的新形象，也可让三个形象并存。

（6）相融：也称联合，指面与面相互交错重叠，在同一平面层次上，使面与面相互结合，组成面积较大的新形象，它会使空间中的形象变得整体而含糊。

（7）减缺：一个面的一部分被另一个面所覆盖，两形相减，保留了覆盖在上面的形状，又出现了被覆盖后的另一个形象留下的剩余形象，即一个意料之外的新形象。

（8）重叠：相同的两个面，一个覆盖在另一个之上，形成合二为一的完全重合的形象，其造成的形象特殊表现，使其在形象构成上已不具有意义。

2.1.2 点、线、面在版式设计中的综合运用

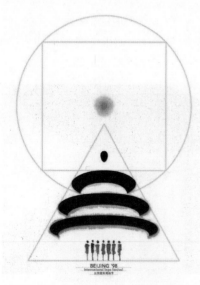

图2-10 靳埭强《北京国际商标节》
海报设计

点由于形态、大小、位置的差别，会产生完全不同的视觉效果，并引起不同的心理感受。点的缩小和放大会带来不同的量感。单独的一个点会成为视觉的重心，起到调节形象的作用，如很多版式设计中就将重要的图像以单独的点的形式进行处理，将其置于大范围的空白版面的中心位置，使其成为视觉中心。同时点在空间中占据的不同位置也会引起观众不同的心理反应。悬浮的点和下沉的点所带来的心理感受是截然不同的。所以，在版式设计中要准确地运用点的各种特性为设计服务。点的有序构成能产生律动的美。自由构成的点通过大小、疏密的变化，具有活泼、自由的特点。在编排设计中，点可以成为画龙点睛之"点"，和其他视觉设计要素相对比，形成了画面的中心，如图2-10中，靳埭强先生就十分擅长这种画龙点睛的设计作品，在画面中，红点成为画面的视觉中心。

点也可以和其他形态组合，起到平衡画面轻重、填补空间、点缀和活跃画面气氛的作用；还

可以组合起来，成为一种肌理或其他要素，衬托画面主体。线具有丰富的表现形态，有形的与无形的，弯曲的和笔直的，硬边的和柔边的，实的与虚的，粗与细，深与浅……不同状态的线会产生完全不同的视觉感受：水平的线能够引导视线左右横向移动，给人以稳定、平和的感受；垂直的线则具有分割画面和限定空间的作用，给人以坚定、直观的视觉感受；斜向的直线可以带来强烈的视觉冲击力，形成强势而动态的构图。版式中心的垂直直线或斜向直线的运用往往能产生意想不到的聚集视线的效果。而圆形、C 形、S 形的曲线则比直线更具有节奏和韵律之美，自由、活泼而富有变化，如图 2-11 所示。

图 2-11　自由、活泼、富有变化的版面

在版式设计中，对不同性质的线运用得当的话能丰富画面的空间层次，正确引导视觉。线作为一种装饰要素，线的性质往往对画面风格的倾向起着十分重要的作用。直线可以使人联想到中国传统木版书籍设计的某些意蕴，曲线的排列令人感到欧洲新艺术运动的遗韵。作为设计要素，线在设计中的影响力大于点，线要求在视觉上占有更大的空间，它们的延伸带来了一种动势，线可以串联各种视觉要素，可以分割画面和文字，可以使画面充满动感，也可以在最大限度上稳定画面，如图 2-12 所示。

面在视觉上带给人最强烈的感受就是充实感。面在不同的色调、轮廓及肌理下会产生很多的变化，如明暗、虚实、大小、色彩等。在现实的编排设计中，面的表现也包含色彩、肌理等方面的变化，同时面的形状和边缘对面的形象产生极丰富的变化，在各种视觉要素中，面的视觉影响力最大，它们在画面中往往是举足轻重的。如图 2-13 中，画面中的"手"是由很多元素构成的，但观众的视线往往会第一时间关注到"手"。

图 2-12　线的延伸海报

图 2-13　"手"招贴

点、线、面在设计中有着重要的作用，同时它们之间互相依存，你中有我，我中有你，在一定条件下可以互相转化。设计师在进行版面设计时应当正确地将点、线、面结合，并遵循一定的原则，以达到版面的整体统一。

点、线、面三种元素的相互结合与相互转换之间构成了世界上最好的设计。点连续延伸的轨迹成为线，密集成片成为面，由于疏密变化而转化为明暗色调；线既可以作为物象的边缘，又可以独立地表达一定的形象。面在立体艺术中指的是形体，在平面艺术中指的是二维空间的占有。因此，无论版式多么复杂，最终都可化简到点、线、面上来。我们需要从整体出发，把握好点、线、面的特征和设计技巧，才能得到具有独特性和思想性的版式设计。

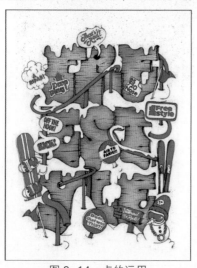

图 2-14　点的运用

1. 点元素与版式设计

在造型艺术中的点是一切形态的基础。大小不一、疏密得当的点具有跃动感、闪烁感，还可以产生节奏感，一种类似音乐中的节拍、节奏，使原本深沉、单调的画面多了许多灵动与活泼感。如图 2-14 中，各种蓝红对比形成的点，成为画面的点缀，为原本单调的画面增添了活跃的气氛。

作为形式元素的点，它是既有位置又有形态的视觉单位。然而一般人认为点就是小的、圆的，但其实作为活力百变的点元素，其表现形式是无限的。例如，可以是圆形的，可以是方形的，可以是三角形的或者多边形的，只要它相对于其他元素来说是足够小的，都是可以视为"点"的元素。

点给人最直接的感受就是它具有极强的向心力，能产生一种富有聚集性的视觉效果。当画面中只有一个点时，人们的视线会全部集中于这个点上。这说明点本身没有上、下、左、右的连续性和指向性，当设计师平常设计作品的版式时，就可以利用点的这一特性突出或强调某一部分的视觉效果，而将人们的视线最终凝聚在点上。如图 2-15 中，虽然画面丰富，但人们的视觉重点往往首先集中于红点上，也会最终落在这个红点上。

当画面中有两个或更多大小不同的点时，视觉会逐渐从大的点移向小的点，越小的点聚集性越强。然而也有些版式经常会强调点的整齐划一，以形成秩序美。同一种图形可以按照不同的规律有秩序地排列，称之为秩序美。但整齐划一的秩序美极易显得呆板，因此我们可以通过近似、渐变、特异等构成手段的运用使画面变得活跃起来。

图 2-15　靳埭强《字在我心》海报设计

2. 线元素与版式设计

在造型艺术上，线的形态多种多样，它在版式设计中起着重要的作用，可分为两大类：直线和曲线。线的性格也很多样，垂直线端庄、严肃，水平线安稳、平和，斜线富有动感，曲线则给人优雅、柔美和韵律之感。它的存在也不是绝对的，我们总会认为眼睛看到的明确的线条才叫线，其实不然，线是点流动的轨迹，因此线这个元素可虚可实。它的变化也是无穷的。还有容易忽略的视觉流动线。人们在阅读的过程中，视线是随着画面各个元素的运动流程而移动的，这根线对于设计师来说也是极为重要的，如图 2-16 中，画面中所有的文字都围绕在一根隐含的"线"上，从而引导着人们的视觉动线。

线的形式也是多种多样的，不是纯粹的线条才叫作线，在设计中也可以将文字虚线化，或者将一些形状或物体紧凑排列起来形成线的感觉，可以直来直去，也可以弯曲流畅，都可以给人不同的视觉效果。

3. 面元素与版式设计

面的形态无限丰富，可以是个性、新颖、怪异的，也可以是流畅、纯朴、柔和的。在设计中，面的冲击力最强，因为它占据着画面的大部分，面体现了充实、厚重、整体、稳定的视觉效果。面与面之间的前后叠压的位置关系又构成空间层次。在进行设计时为了避免面给人的单调乏味，可以多利用一些虚实的处理手法，例如点、线都有虚面性，融合在一起使用会更好。点、线、面元素是来自于现实中自然物象的形态，经过提炼与概括又以主观的审美造型进行新形象的设计创作，三者融会贯通才能表达得淋漓尽致，取长补短。也就是说最好将点、线、面三元素综合使用，尽量不要单一地使用大面积的块面，如果使用不当会显得单调、呆板，缺乏活力和层次感。在图 2-17 中，画面中综合运用点、线、面，构成了丰富且具有跳跃性的画面，但细究之下就会发现，画面中其实只有文字元素。

图 2-16　隐含的"线"成为画面的视觉动线

图 2-17　点、线、面综合运用构成的画面

2.2　版式设计中的网格体系

　　网格体系是如今设计师在进行版面设计时必需的工具，是视觉传达行业所必要的设计技法之一，通过这种技法，设计师能够发现比例、数列模数与网格体系秩序之间的深层关系，从而构建出严整有序、清晰明确的版面。

2.2.1　什么是网格体系

　　"网格"，又叫栅格或者网栅，瑞士设计师汉斯·鲁道夫·波斯哈德在其经典著作《版面设计网格构成》(*The Typographic Grid*) 一书中给予网格这样的定义："一种安排均匀的水平线和垂直线的网状物"。"网格体系"可以理解为网格构成或者栅格系统，其基本形式是由平面中垂直和水平划分而产生的区域，和各个区域之间的间隔所构成，如图 2-18 所示。

　　网格体系的主要特点是运用数字比例关系，通过严格地计算，对平面做出空间划分，从而指导和规范版面中视觉元素的布局及信息的分布与排列。

　　网格体系形成的时间最早可以追溯到 17 世纪初法王路易十四在位期间，他曾下令成立一个专门管理印刷的皇家特别委员会，由数学家尼古拉斯·加宗担任领导，这个特别委员会的首要任务就是设计出科学、合理、重视功能性的新字体，同时还提出了对新字体设计的要求：即以罗马体为基础，以方格的形式为设计基本单位，每个字体所占面积为 64 个大方格，每个大方格再细分成 36 个小格，这样一来一个印刷版面就是由 2304 个小格组成，在这个严谨的几何网格中，设计字体形状、编排版面、试验视觉信息传达功能的可能性。这是世界上最早对字体和版面进行网格分割的实验性活动，也可以认为是网格体系的雏形。网格体系在版式中的初步使用应该从德国人古腾堡所制作的《四十二行圣经》一书开始 (图 2-19)，在后来欧洲文艺复兴时期出版的各种书籍内页中也可以看到类似的网格体系版式编排。

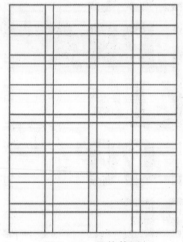

图 2-18　网格体系

图 2-19　古腾堡制作的《四十二行圣经》

丢勒是最早运用数学方法与几何学对版式设计进行一系列的探索的德国艺术家。1525 年，他编写了关于设计理论的专著《量度艺术教程》(*Instructions for Measuring with Compass and Ruler*)，在该书中，集中研究了包括螺旋线、蚌线和外旋轮线在内的线性几何结构和正多边形结构。他将这些几何学原理应用到建筑学、工程学和版式编排设计中，尤其在编排设计部分，书中详细地讨论了如何运用构成原理、图形组合和几何比例的方法进行字体设计和图形色彩等版式设计的方法与技巧的实施。到了 20 世纪初期，网格体系受到包括"未来主义""达达主义""风格派""构成主义"及包豪斯的影响。20 世纪 50 年代，网格体系在前西德与瑞士受到广泛欢迎，尤其在瑞士的苏黎世和巴塞尔，设计师努力探索网格体系设计，将其运用到报纸版式设计、书籍排版等各种领域，并通过瑞士平面设计杂志的宣传影响到世界各地，如图 2-20 所示。

图 2-20　瑞士平面风格杂志

网格体系如今已经成为视觉传达设计领域最重要的基本设计技法之一，在其不断探索与发展中，艺术家和设计师们发现比例、数列模数与网格体系秩序的形成息息相关。

◆ 2.2.2　网格体系的作用

网格体系虽然不可见，却是版式设计中的组织法则，将网格应用于平面空间中，设计师能够根据功能需求安排各种文本、图片和图表，使版面中的各个构成要素达到层次分明、井然有序的排列。

1. 确定位置信息

通过网格体系来控制视觉元素的数量与组合，各种文本、图片和图表能够按照严谨的信息的流程顺序被安排入版面，其中文本与图片的大小可经过精确计算，并安排入版面中，其大小及位置均可按照内容的重要性进行安排。

2. 约束版面内容

完整的版式设计，必须根据各版面内容的相关性进行统一次序安排，网格体系的运用可以帮助设计者能够有效地把握版面内容，并以此找到更好的版面编排形式，从而加强版面的统一感与整体化，起到有效约束版面的作用，如图 2-21 所示。

3. 保障阅读的关联性

网格体系能够对版面的构成元素，即文字、图形进行有机地组合，能够使版面结构更加清晰、简洁，从而建立一种视觉上的关联性，保证阅读的清晰、连贯。如图 2-22 中，画面中喷溅的"点"看起来毫无章法，但实质上是约束在严格的网格体系中。

图 2-21　由网格约束的版面内容

图 2-22　由网格约束形成的阅读关联性

2.2.3　网格体系的形式种类

网格体系是一种极为严谨的结构组织形式，能将杂乱的版面信息加以组合重建，形成清晰易读的版式。在长期的使用中，网格体系发生了众多变化，但从形式种类上划分，仍可分为对称式网格、非对称式网格、基线网格、成角网格四种类型。

1. 对称式网格

对称式网格体系最为常见，其主要特征是左右两个版面的版式结构严格对称，从外观上看，其页边距、网格数量、文字与图片分布几乎一致，甚至互为镜像。对称式网格体系的最大优势在于版面效果整体稳定协调，平衡感较高。在编辑严肃的版面内容时较为常用。但大量重复使用对称式网格，不免使出版物产生呆板、乏味的感觉，因此在使用中仍需控制出现频率。对称式网格通常可分为单栏对称式网格、双栏对称式网格、三栏对称式网格和多栏对称式网格。

1) 单栏对称式网格

单栏对称式网格即通栏式排列，书籍版式设计中尤为常见，文字与图片自上而下有序地排列在版面中，是版面设计中常用的编排形式。这种网格版面结构简单，稳定程度高，但阅读大段文字时易产生跳行的问题，故不宜用在大开本版面上，同时尽量避免一行文字过多，如图 2-23 所示。

图 2-23　单栏对称式网格

2) 双栏对称式网格

双栏对称式网格即同一版面上信息从中分开为两个部分的组织形式，图片与文字严谨地分为两个部分，大大增加了阅读的流畅度，是杂志的版面设计中常见的形式，但缺点是版面变化有限，如图 2-24 所示。

图 2-24　双栏对称式网格

3) 三栏对称式网格

三栏对称式网格即文字与图片被分为三栏，适用于文字与图片信息较多且零散的情况，在杂志版面设计中利用率较高。但这种版面跳跃度较高，阅读流畅性不易把握，需要设计师对设计内容灵活安排，如图 2-25 所示。

图 2-25　三栏对称式网格

4) 多栏对称式网格

根据版面内容自行安排栏数，每栏之间保证栏数相同的版面组织形式，这种版面设计形式灵活度较高，画面丰富，但因跳跃度较高，版面散碎，不宜应用在严肃的行文排版中。

2. 非对称式网格

非对称式网格即左右版面大致采用同样的编排方式，左右页面的网格栏数大致相同，但每栏的宽窄比例与栏间距均可根据版式的实际需求进行灵活调整，不同于对称式网格的绝对对称，这种网格的视觉效果更为丰富。其中还可细分为非对称式栏状网格与非对称式单元格网格。

非对称式栏状网格，与对称式网格类似，但左右两个版面的分栏不像对称式那么严谨，且页边距与栏间距均可以按照需要进行调整，如图 2-26 所示。

图 2-26　非对称式网格

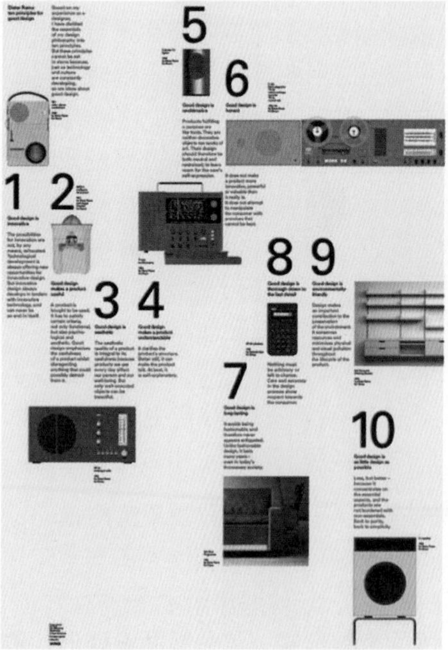

非对称式单元格网格，是在栏状网格的基础上进行横向分割产生的版面效果，网格大小间距需进行严格排列，以保证版面的严谨性，但编排文字与图片时可根据内容，采取各种组合方式，进行跨格或合并单元格设计，这样设计出来的版面层次丰富，跳跃感强，但画面仍井然有序，如图 2-27 所示。

在非对称式单元格网格中，单元格的作用在于标注位置信息，约束版面内容，并非不可逾越，故在实际应用时允许根据文字与图片信息的展示需要，灵活调整大小，即使出现跨格与合并单元格的情况，也不致画面凌乱。

3. 基线网格

基线网格是版式设计中常用的网格编排技巧，是指在版式设计中通过寻找一种水平的参考线进行版面元素的对齐，这种参考线并不可见，但在设计中可以帮助设计师对版面元素进行有秩序的对齐组合，起到很好的帮助作用。

基线网格有着辅助交叉对齐的独特功能，所谓交叉对

图 2-27　非对称式单元格网格

齐，就是当设计师面对不同字号及不同尺寸的版面元素时，能够有一个稳定、严谨的基线，以助于对齐各种版面元素，如图 2-28 所示。

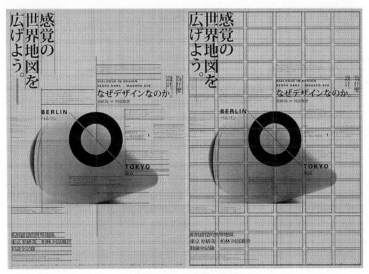

图 2-28 基线网格

4. 成角网格

成角网格是一种特殊的网格布局形式，是指在网格布局时，有意识地将网格进行倾斜，从而使版面产生一种不稳定感，因为成角网格打破了传统版式设计中稳定的水平局面，所以使版面更加具有创造性与跳跃感，给人耳目一新的感觉。

这种倾斜角度可以是任意角度，但在创建过程中需要尤为注意的是，这种成角网格的设计形式与传统阅读方式不同，应尽力保证版面的可阅读性，同时保证版面的统一性，一个创造性的版式设计的前提是流畅的信息传达功能。设计师应尽量避免为追求创意版式而造成的信息传达困难。在通常情况下，向左倾斜较为常见，也更符合阅读习惯，如图 2-29 所示。

图 2-29 成角网格

2.2.4 网格体系在版式设计中的具体应用

网格体系作为版式设计的骨架支撑，能够串联众多版面元素，确定版面元素之间的位置及比例关系，保证版面的统一性与协调性，最终使版面整体清晰、明朗。

类型多样的网格能够适用于各种主题的版式设计，对于网格体系的有效利用，可以帮助设计师寻找到适合的版面设计样式，快速地将各个版面元素加以组织，形成视觉与空间结构上的完美契合，使版面设计建立在理性设计的角度上。

1. 网格体系的建立

作为版式设计的骨骼支撑，网格体系为版式设计提供了明确的指导与约束，同时统一了版面风格，而在网格体系允许的范畴之内，设计师又可以尽己所能发挥创意，从而形成独特的风格。在网格体系中，创建网格尤为重要，关系到整体版式的风格与优劣。目前，网格体系的创建方式分为根据比例关系创建和从单元格创建两种方式。

1) 根据比例关系创建网格

这种创建方式是依据版面元素间的比例关系来确定版面布局，德国字体设计师扬·奇希霍尔德计的经典版式，建立在长宽比例为 2∶3 的纸张尺寸的比例之上。

2) 从单元格创建网格

在进行页面分割时，可以采用斐波那契数列比例关系，即 8∶13 比例。在斐波那契数列比例关系中，每一个数字都是前两个数字之和。

建立网格的主要目的是对设计元素进行合理有序地编排，它决定了图片与文字在版面中的位置及比例关系，对图文的编排起到了指导作用。

2. 网格的编排形式

网格的编排形式是依据版面主题来决定的，依据版面元素的类型、内容多少来选择不同的版面编排形式，同时设计师在进行版面划分时，需要对版面进行充分规划，确定版心，对文字、图片及页边距的区域进行明确测量划分，在此基础上充分发挥网格体系特性，从而设计出流畅、美观的版面。网格编排形式依据版面元素可分为多语言网格编排、说明式网格编排、数量信息网格编排、打破网格编排。

1) 多语言网格编排

许多国际出版物在发行时，版面上会出现两种甚至多种语言，网格体系可以根据不同文字的特性进行调整，设计出的版面灵活多变，且整体严谨有序。

2) 说明式网格编排

这类网格体系用于内容信息复杂、版面元素众多的版面，运用说明式网格编排，能够在保证版面严谨有序的情况下，尽可能增加版面的可阅读性。

3) 数量信息网格编排

在面对大量统计数据、众多项目条款时，数量信息网格能够使版面内容以尽量清晰的方式得以展现，减少人们在阅读过程中产生的烦躁感，使人耳目一新。

4) 打破网格编排

打破网格的编排形式并非无视网格体系，而是属于网格编排方式的一种，是指在网格体系固定位置的基础上，可适当破格，使版面做到严谨与灵活的统一，产生丰富的对比。

版式设计的视觉法则，从根本上来说是一种心理学法则，是通过研究人们对于视觉领域的着眼偏好来反向推导版式设计中的视觉法则，在版式设计经过长久的发展后，设计师掌握了通过把握版面最佳视域、视觉流程、版面构图三个方面来引导读者的阅读心理。

2.3.1　最佳视域

最佳视域是指版面中信息传递效率最高的区域，即受众最先接收到的信息所在版面区域。

在进行版式编排设计的过程中，设计师不仅需要考虑到版式设计的美观度，更需要注意到信息传达的流畅性与可接受度。人们对于信息的接受程度与耐心程度都十分有限，如何能在有限的注意力时限内，将更多信息传递给受众，同样是设计师应该注意的问题。这就需要设计师在进行版面编排时，一方面需要找到页面中最佳视域的位置，另一方面需要将版式内容中最为重要的部分提取出来，做到主题信息与视觉效果的统一，从而保证信息传递的最大化。

通常来说，一个版面的最佳视域往往集中于版面中黄金分割点所在的位置，但并不绝对，最佳视域的存在是相对而言的，依据版面元素的大小、色彩、形状会发生偏移。例如，在浅色调的画面中，边角出现一块重色区域，那么最佳视域也自然会随之发生偏移。

但根据人们的日常习惯，在竖版画面中，上半部分的重要性总是略高于下半部分，而在同一水平线上，左边信息也总是先于右边信息为人们所接受。

2.3.2　视觉流程

人们的视角是宽广的，但不能说明人们就能够接受视线中全部的信息，实际上，人们能够集中注意力的区域十分有限，所以了解人们的注意力移动方向对于版式设计的编排具有重要意义。经研究发现，人们的视觉流程总是依据版面中元素的排列沿着固定轨迹运动，所以设计师在进行版式设计的过程中，需要尤为注意视觉流程的排布。版面设计中常见的视觉流程如下。

1. 单向视觉流程

在常见的版式设计中，单向视觉流程最为常见，设计师依据信息的重要性与通常的视觉习惯，自上而下排列版面信息。

2. 重心视觉流程

在面对版面时，人们的视觉总是先停留在画面中最重要的部分，然后再向四周扩散，故围绕视觉重心以此排列视觉元素是版式设计中常见的策略之一。

3. 反复视觉流程

重复是视觉设计中常用的设计技巧，其优势在于能让人们在观看的过程中反复加深印象，使某一单一的图形元素在反复观看中增强识别性，增加生动感。在版式设计中，设计师可以利用这种设计手法，增强某一信息的传播力，同时令版面因为重复产生一种韵律感。

4. 导向性视觉流程

导向性视觉流程是设计师为引导受众视线，而特意设定某种视觉线索的视觉流程，通常有两种方式，其一，运用明显带有指向性的视觉元素，引导人们的视线移动，例如箭头；其二，运用各视觉元素之间某种特定的客观联系，形成一条导向线，这种视觉流程使整个版面如同一个故事一般徐徐道来，有序且富有趣味性。

5. 散点视觉流程

表面上是将版面中的视觉元素进行随意排列，放置在版面中，以求获得轻松、愉悦的视觉效果，但实质上，散点视觉流程在进行版面编排时依据版面元素的重要性、色彩、图形、视觉方向等因素，进行了有计划的布置。大致分为两种类型，其一发射型，版面中所有的视觉元素都按照放射状由视觉中心散发；其二打散型，将版面中众多视觉元素进行分解重构，以新的形态组织画面。

2.3.3 版面构图

版式设计的构图样式类型多样，不同的版面形式在传递信息的过程中有着不同的含义。常见的版式构图类型有标准式、满版式、分散式、组合式等。

1. 标准式

标准式是既简单又有规则的广告版面编排类型，它从上到下的排列顺序通常为：图片、标题、说明文、标志图形。这一排版类型的特点是先利用图片和标题引起读者的注意，然后引导读者阅读说明文和标志图形。自上而下的顺序符合人们认识事物的心理顺序和思维活动，从而产生良好的阅读效果，如图 2-30 所示。

图 2-30　标准式版面

2. 满版式

满版式构图的重点在于图片传达信息的快速性。铺满整个版面的图片形式，有着强烈的视觉冲击力和震撼力。根据版面需求进行文字的编排，层次分明，大方直白，给读者满满的充实感，如图 2-31 所示。

3. 对角式

对角式是指版式中的主要元素分别位于版面的左上角与右下角之间，或者右上角与左下角，主要是将读者的视线聚集在两角之间，产生较强的视觉冲击力，在变化中形成相互呼应的视觉效果，如图 2-32 所示。

图 2-31　满版式版面

图 2-32　对角式版面

4. 定位式

定位式构图是将版面中的实体元素进行定位，其他的元素则围绕这个中心对其进行补充、说明和扩展，其目的力求深化、突出主题。这样构图可以使读者明确版面所要传达的主要信息，从而达到成功宣传的目的。

5. 坐标式

坐标式是指版面中的文字或图片以类似左边线的形式，垂直与水平交叉排列。这样的编排方式比较特殊，能够给读者留下较深的印象。坐标式的排版适合相对较轻松、活泼的主题，且文字量不宜过多。

6. 重叠式

重叠式是指版面中的主要元素以相同或类似的形式反复出现，排列时表现为层层重叠内容形式。这样的构图具有较强的整体感和丰富感，能够制作出活泼动感的版面，增强了图形的识别性与认知性，其适合用于时尚、年轻的主题，及现代感的设计形式中，如图 2-33 所示。

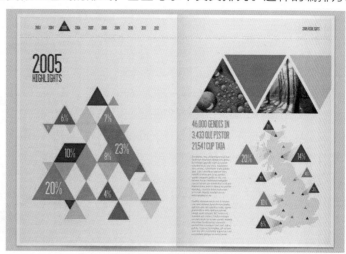

图 2-33　重叠式版面

7. 聚集式

版面中的主要元素按照一定的规律向同一个中心点聚集，这样的构图被称为聚集式构图。这种构图能够强化版面的重点元素，使其成为视觉的中心焦点，同时具有向内的聚拢感和向外的发散感，从而产生强烈的视觉冲击力。

8. 分散式

分散式是指版面中的主要元素按照一定的规律分散地排列在版面中。这样的构图通常分布较为平均，没有强烈的中心点。元素与元素之间产生较大的空间，让人产生舒适的韵律感和轻松感，如图 2-34 所示。

9. 引导式

版面利用某些图形或文字引导读者的视线，帮助读者按照设计师安排的顺序依次阅读版面的内容，或通过引导指向版面中的重点，对齐进行强调，从而达到信息的有效传递，如图 2-35 所示。

图 2-34　分散式版面

图 2-35　引导式版面

10. 组合式

将一个版面分成左右或者上下两部分，分别放置两张从中间裁切的不同图片，再将两张图片重新组合在一起，将结构重组后的内容形成一幅新的图片。左右两边图片虽有不同，但两者之间却有着较强的联系和充满趣味性的版式效果，让读者在阅读过程中具有愉悦感，如图 2-36 所示。

根据主题可选择恰当的构图方式，分别如下。

（1）垂直构图是将一排排主要的元

图 2-36　组合式版面

素共同展示出来，产生具有韵律感的视觉效果。平行的垂直线通过高矮不同的版面变化传递所要表达的信息，从而加强画面的感染力和韵律感。

（2）平衡构图是将完美无缺的画面结构，经过巧妙的细节安排，使内容和图案对应和平衡，给人以满足感和舒适性。这种构图适用于表现平静、安定、稳重等主题画面。

（3）倾斜构图中的主要元素，采用倾斜式排列形成不安定动感构图形式，这种构图具有极强的吸引力，能够紧抓读者眼球，实现信息传递，常用于时尚类主题。

（4）曲线型构图是将版面中的主要元素在排列结构上进行曲线型编排，形成具有柔美性和动感的内容形式，我们称之为曲线型构图。曲线型构图引导读者的视线按曲线流动，表现出极强的趣味性和动感，从而增强读者的乐趣。

（5）三角形构图分为正三角形和倒三角形两种形式，其中正三角形具备三角形的稳定感和视觉走向，而倒三角形则给读者以不稳定的视觉走向和独特的阅读体验。三角形的构图具有强烈的视觉吸引力和不规则的体验形式，给读者新鲜的阅读体验。

◆◆ 2.3.4　版面分割

网格体系对于版面的分割非常灵活，可以在大致的编排形式基础上根据版面内容需要进行灵活地调整。

1. 不做分割的全屏式布局

多用于整幅图片做跨版式设计，使图片的震撼感觉得以最大限度地展出，能够形成沉浸式的视觉体验，如图 2-37 所示。

2. 垂直纵向分割

将版面分割为长条状的板块，引导读者的视线从上而下进行移动，形成动感的效果。纵向分割产生的左右排版会产生一种关于时间的隐喻，横向居中分割会形成左右均等的画面，如同站在过去与未来之间的分割线上，纵向分割左侧面积较大，适宜表现经典内容；纵向分割右侧面积较大，更容易产生前卫的设计感，如图 2-38 所示。

图 2-37　不做分割的全屏式布局

图 2-38　垂直纵向分割

图 2-39　水平横向分割

3. 水平横向分割

水平横向分割同时会将读者视线引导成为水平方向，相关元素均可以按照这种水平方向进行排布，其中画面分割上部面积较大时，版面会因为上部压力较大而显得稳重；下部面积较大时会使视觉重心下移，给人经典的感觉，如图 2-39 所示。

4. 横向与纵向混合分割

这种分割方式十分自由，依据版面信息内容，可将版面元素在不同风格之间进行变换，以产生版式设计中的创造性，如图 2-40 所示。

5. 对四周进行切割的居中布局

将画面四周进行切割，产生众星捧月式的设计感，重心内容加以强调，四周信息作为补充，一般用于围绕某一主题进行说明的版式内容，如图 2-41 所示。

图 2-40　横向与纵向混合分割

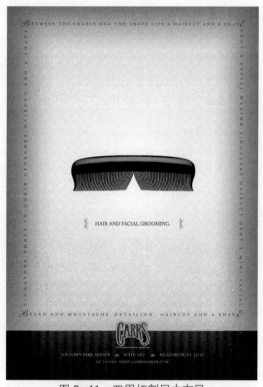

图 2-41　四周切割居中布局

第 3 章　版式设计的原理与规范

本章概述：

本章主要讲解在版式设计中，格式塔心理学与形式美法则如何通过人们的知觉规律来强化视觉认知。

教学目标：

通过本章内容的学习，让读者掌握版式设计中常见的样式规范，并利用受众群体的认知心理模式来组织版式，通过使用版式设计的规范样式与受众认知心理的双重作用来完成版式的基本构建。

本章要点：

通过理解认知模式来增加版面信息的获取速度，懂得如何运用认知模式来强化信息传播。

版式设计作为一种以组织视觉元素为主的设计形式，基于用户心理与审美感受，同样具有严格的原理与规范。设计师有效地利用这些原理及规范，并根据设计的内容，决定不同的版式风格及结构，能够设计出精彩纷呈的版式效果。版面中所有的视觉元素都可以成为确定彼此关系、创造各式效果的参照物，长久以来，人们对版式设计中的各项规范及受众心理反应，产生了较为稳固的认识。

3.1　格式塔心理学与形式美法则

格式塔心理学与形式美法则是版式设计中较为常用的两种版面构建原理，也是版式设计中很有逻辑性与说服力的视觉传递方法。设计师可以通过这两种构建原理，从宏观上组织视觉版面，从而达到良好的视觉与传达效果。同时，这两种方法均是从整体传播效果入手，注重多样性的统一，而不聚焦于各个视觉单元内部的相关关系，也需要设计师尤为注意。

3.1.1　格式塔心理学

格式塔心理学 (gestalt psychology)，又叫完形心理学，是西方现代心理学的主要学派之一，1912 年由德国人韦特海默创立，并在科勒和考夫卡的逐步完善下成为一种影响力巨大的心理学说。

格式塔作为心理学术语，其简要概念有二：一是指事物的一般属性；二是指在某一经验现象中，其每一部分都与其他部分具备一定的联系，但每一部分都具备自身的特点，这种现象被称为格式塔。

在视觉层面上，格式塔心理学认为：人们能够识别形状，并且始终将视觉中的部分事物视作前景，其余部分视作背景，并非天性使然，而是在大脑中将视觉中的各个部分加以组合，使之成为更容易理解的部分。眼睛能够接受不相关联的单位数量十分有限，这种接受能力取决于视觉单位的外形与位置，当一个格式塔中包含众多互不关联的单位时，在视觉层面会将其简化组合，使之成为一个在视觉上更容易接受的整体。如果无法进行简化整合，那么在视觉上，这一整体形象便会呈现含混不清的状态，即无法认识与记忆。

总而言之，格式塔心理学描述的是，人们在并未完全集中注意力的情况下能够注意到的视觉世界，在这种情况下，格式塔心理学为设计师强化视觉设计提出了五项法则。

1. 图形——背景法则

根据格式塔心理学，在人们的视觉世界中会自动区分物象的图形与背景，所谓主体图形就是指在当前界面中占据视觉焦点的元素，容易被忽略的元素则视为背景。根据经验，一个视觉界面中较小同时色彩较为鲜艳的物体往往会被人们视作主体图形，而较大且色彩灰暗的则被视为背景。设计师可以据此来强调图形——背景关系，从而达到传递信息的作用。

但一个设计师仅仅看到界面中的主体图形是远远不够的，当图形与背景之间产生负空间时（也就是减去主体图形之后背景所余空间构成的图形），同样值得设计师精心布局。图形与背景的关系是互补的，它们可以通过相互之间的作用来增强或减少效果，并且有效地组织彼此之间的关系，以达成设计目的。

图形与背景之间有着三种相互关系，如图 3-1 所示。

图 3-1　图形与背景之间的相互关系

(1) 稳定：通过强调图形的存在，来明确图形与背景的区别，使图形更加跳跃，背景更加稳定。

(2) 可逆：图形与背景都能够产生某种特定的含义，丰富的寓意与秩序能够为观众造成一种紧张感。

(3) 歧义：元素与背景的关系可以随时调换，彼此之间都可以形成有趣的形状。

2. 接近法则

在画面中，人们的视觉会将接近或者临近的图形看作一个整体，或者是一组图形。如图 3-2 所示，人们的视觉直觉往往会认为左侧的图是 16 个圆形，而右侧的图是两组圆形，这就是由于接近法则造成的视觉分类。

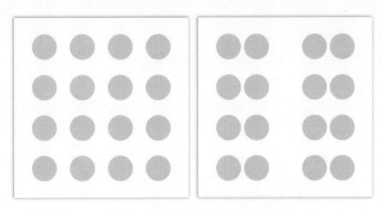

图 3-2 因为距离不同导致的视觉差异

在版式设计中，最明显的一个例子是，段间距往往要大于行间距。据此，我们可以利用信息之间的距离来表现其疏密关系，以此来强化主要信息的传递优先级，方便读者理解。其次，可有效利用画面负空间，来增加页面的格调与整洁度。

版式设计中相近法则的权重比其他法则权重更大，在一幅版式中，同时具有所有法则的情况下，仍然保持着相近法则优先。如图 3-3 中，即便运用相似法则，所有的字母在表面上都是运用了红色，但由于相近法则的影响，使观众认为所有字母被分为上下两个部分，而并非是一个整体。

3. 相似法则

人们在面对较多图形元素时，会趋向于将具有相同视觉特征的图形元素划分为一类，如同样形状、大小、色彩等。如图 3-4 左图中，观众趋向于将圆形看作一组，方形看作一组，观众视线呈横向；而图 3-4 右图中，则趋向于将相同色彩的图形看作一组，观众视线呈竖向。

图 3-3 接近法则

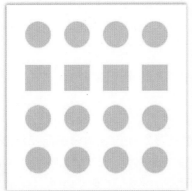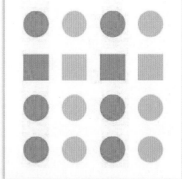

图 3-4 相似法则，同种颜色被认为更相近

但加入颜色后，视觉流程便会发生变化，观众的视线更加趋向于竖向移动，而非横向。

所以，在版式设计中，设计师应当按照信息的重要次序进行区分排列，与此同时，同级信息及元素应当在大小、色彩、风格中尽量保持一致，以保证观众对于信息的理解。

4. 闭合法则

闭合法则也称为封闭法则，有些图形元素实际上是一个没有闭合的图形，但在视觉中，会趋向于将其封闭，并视作一个完整的视觉整体。如图 3-5 中，实际上仅仅是三个角，相互之间并无连接，但在视觉效果上，观众会将其连接成为完整的三角形。

图 3-5　闭合法则

5. 连续法则

连续法则与闭合法则类似，但两者强调的重点不同，连续法则强调的是信息的方向性，而闭合法则强调的是信息的完整性。

如果视觉图形的各个部分被认为是相互联系的，那么这部分就容易被认定为一个整体，由于观众会在视觉中将非连续的物象完整化，成为连续的整体，所以，当其中的一部分缺失时，视觉意识也可以将其补齐。连续法则在生活中最为典型的案例是连环画的设计，人们的视觉连续性会将连环画的两幅画面自动连接在一起，成为一个完整的故事单元。

3.1.2　形式美法则

版式设计离不开对于美的形式法则，形式美法则是人类在长期的艺术实践中形成的对于美的形式规律的经验总结与概括。通过使用这种构成法则来规划版面，能够使原本抽象的美的概念在版面中得以呈现，从而增加版面的美观度。形式美的法则发展至今，共形成了单纯与秩序、对比与和谐、对称与均衡、节奏与韵律、虚实与留白五种法则。它们相互联系，互为因果，共同构成了版面中"美"的共同内因，同时，在版面中形式美的法则往往并存使用，相辅相成。

1. 单纯与秩序

单纯与秩序是版式构成法则中基本和常见的一种形式法则，运用单纯与秩序法则能够使版面完整、统一。

所谓单纯，是指版面中基本图形简单，版式编排形式简洁、明确，版面整体形态没有明显的差异与对比，对复杂的文字、图片及其他信息内容运用理性及逻辑思维进行大胆取舍，通过清晰、明确的形式感，如水平、垂直、倾斜等，归纳成容易为观众接受的版面形式。单纯的构建形式可以得到清晰、明了的视觉画面，但同时又可以运用突出、强调视觉主题来营造具有强大视觉张力的画面。如图 3-6 中，设计师对版面信息做了大胆精心的筛选，将画面处理为简单的居中构图，画面中图形仅为一名头戴礼帽的男性剪影，图像简单，但画面表达的故事性与气氛却十分充足。而秩序则是将版面中所有的视觉元素有规律地反复或逐次出现，形成一种富有规律性节奏的统一效果，由此产生的版面具有单纯的结构与严谨有序的视觉效果。秩序在某种程度上来说，是单纯法则的延伸，简明的结构能够引导视线，产生单向视觉流动，从而产生严谨的秩序感。如图中，设计师将画面中的信息尽量简化，将其居中排列，形成简单却富有秩序感的信息流，从上至下，一气呵成。

图 3-6　单纯与秩序

2. 对比与和谐

设计师巧妙地把握对比与和谐，能够使版面产生跳跃却不失严肃的效果，对比是版面产生跳跃感的主要方式，运用相同或相异的视觉元素，处理成为强弱对比编排的形式，版面中同量级的视觉元素相互对比、相互吸引产生强烈的刺激感，在版面的视觉元素中，能够产生对比的因素有许多，无论图形还是文字，在大小、色彩、方向、明暗、冷暖、虚实、疏密等方面，均有可能产生对比。设计师能够有效利用众多对比元素相互渗透、相互配合的特性，才能设计出富有活力感的画面。

图 3-7　对比与和谐

和谐是指各个视觉元素之间相互协调的因素，在版式设计中，还应考虑版式形式应与信息内容相协调，一味追求对比而缺乏和谐的设计手法会使版面跳脱出界，在视觉元素之间寻求和谐，组织调和统一的画面是版式设计的目的，所以对比与和谐是相对而言的，二者缺一不可。

如图 3-7 中，画面中心彩色的电视机屏幕与周边的黑白图案形成了鲜明对比，观众往往第一时间将视线集中在画面中心的电视机上，这是版式设计中的对比技法；与此同时，设计师又将电视机的边缘与其他图案处理成相同的形式，使画面虽然强调对比，但仍不失和谐。

3. 对称与均衡

对称与均衡的形式法则能使版面产生稳重的视觉感受，对称与均衡是一对统一体，实质都是为了追求视觉心理上的稳定感。

对称是指版面中的所有视觉元素按照实际或者设计师设定的对称线进行均匀排布，这种对称形式追求的是视觉感受上的重量平衡，所以对称线两侧的视觉元素可以完全相同，也可以存在差异，所以这种形式法则表现出来的画面相对沉稳、稳定，虽然有变化，但十分有限。

而均衡则表现为一种动态的平衡，这种平衡不局限于视觉元素的数量、重点、色彩，只要使画面不致倾斜即可，以达到一种静中有动、动中有静的视觉效果，所以均衡表现出来的视觉形式灵活多样，富有变化，能够弥补对称的不足。

对称与均衡的形式法则能够容纳的视觉元素十分多样，在一个以版面中心形成对称均衡关系的画面中，其两侧的视觉元素可以是文字与文字、图形与图形，也可以是文字与图形。

如图 3-8 中，画面中轴线两侧的人物大致按照对称排列，但中轴两侧的人物与文字都采用了一种相对对称的方式，以求两侧达到均衡的态势。

4. 节奏与韵律

运用节奏与韵律的形式法则能使版式设计富有情趣与节奏。节奏与韵律的概念来自于音乐，后来延伸到版式设计中，成为版面编排的重要组织形式。

节奏是指均匀地重复，通过这种均匀重复强化页面原有的秩序感，使画面更加单纯或统一。

图 3-8 对称与均衡

这种节奏在版式设计中表现为元素间比例、色彩、大小的反复与渐次变化。在版式设计中，视觉元素有规律地反复呈现，能给人以视觉上的动态连续感。

除了版面元素的交替反复利用之外，设计师也可以利用版面内容，通过图片与文字信息的轻重缓急来进行编排，根据版面内容给读者不同的节奏感，使读者不致过于紧张或者舒缓。

再者，设计师可以针对同一内容的文字，从字体编排的角度出发，给读者不同的韵律感受，例如不同的字体、大小、色彩，但需要注意，版面中不宜出现过多的字体，且变化应当有限度。

韵律则是在节奏的稳定基础上进行的变化，以试图打破节奏的单一，在版式设计中节奏与韵律是相互依存的，节奏带有机械的流畅感，而韵律带有变化的惊喜感，二者缺一不可，节奏单一必将导致画面呆滞，而一味强调韵律，缺乏节奏保持的秩序感，就会使画面凌乱不堪。

在图 3-9 中，众多重复使用的图标形成了统一的秩序感，但在反复出现的图标中间，时不时又出现了画面所需要表达的主题文案，主题文

图 3-9 节奏与韵律

案经过设计师精心布局，形成了既严谨规范又充满韵律感的画面。

5. 虚实与留白

运用虚实与留白可以使版面呈现出庄重与高雅的感觉，同时增加画面的空间感，产生无限深远的缥缈感。

其中，虚实是相对而言的，面对实际的图片，文字可能是"虚"，遇到色相较重的颜色，灰调色彩可以是"虚"，而面对加粗的黑体，纤细且富有装饰感的宋体可能为"虚"。设计师可以根据虚实的设计形式，将次级重要的信息加以"虚化"，以突出画面的主体，虚实相生产生的画面会产生一种独特的旋律。

留白则是中国画中的概念，原意是指书画作品中为增加画面意蕴、加强画面章法，特意留出部分画面，令观者产生无限遐想。在版式设计中，留白不同于虚实，是实质上的未在版面中放置任何内容，构成版面中的负空间。在美学角度上而言，留白的空间与表现在纸上的信息同样具有重要的意义，留白与落在版面中的文字同时也构成了一种虚实关系，但不同的是，除了衬托"实"，留白本身也发挥着一定的作用。在版式设计中，版面留白的区域取决于版面内容的需要，对于文学一类出版物，留白可适当加大，以烘托气氛，营造典雅之感，而针对时事刊物，则适当放小，体现出现代严谨的版面风格。

在图 3-10 中，很好地体现了虚实与留白的作用，画面中能够直接接收到的图形仅仅是一个人物剪影，留下大面积的留白空间，但这里的留白空间却给人以深远的感受。整幅画面中仅仅在右下角体现产品整体外观，但人们对于产品的印象已经深深印在大脑中。

图 3-10　虚实与留白

3.2 版式设计中的样式规范

版式设计是视觉传达的重要手段，以准确、高效地传递信息为第一要务，在长期的版式设计实践中，逐步产生了对于版式设计的诸多样式规范，涵盖纸张、度量系统、页面布局等，学习并掌握这些样式规范，设计师可以规避许多常见的设计问题，事半功倍地满足准确、高效传递信息的设计要求。

3.2.1 纸张的尺寸

纸张的尺寸是指纸张确定，修剪裁边之后的固定尺寸，确定纸张的尺寸是版式设计的第一步，纸张尺寸对版式设计的风格与种类有着较大影响，纸张规格有多种，目前国内现行的主要纸张尺寸标准有两种，即国际现行纸张和开型纸张。

1. 国际现行纸张标准

国际现行纸张尺寸是国内常见的尺寸，采用的是国际标准 ISO 216，这一标准起源于德国，在日常设计时，设计师应当尽量选择这一标准下的纸张，因为经过长期的使用磨合，纸质尺寸从生产到设计师再到印刷厂，都长期按照这种标准储存纸张，设计师选用这一标准下的纸张，不仅最为省时省力，且成本消耗也最低。

如果设计师选择这一标准之外的纸张尺寸，就意味着需要在造纸厂重新计算规格生产纸张，或是使用较大尺寸印刷，在后期进行裁切时，一方面增加了设计与生产的工作量及风险，若考量不当，甚至会使成本虚高。所以设计师了解 ISO 标准下的纸张尺寸极为重要。

这一纸张尺寸标准在 1922 年共确立了 A、B、C 三类纸张尺寸，众所周知的 A4 纸便是来自于 A 类族群中的一员。其中 A、B 两种是主要应用尺寸，A 类纸张是其尺寸基础，B 类纸张是未裁切的纸张尺寸，C 类纸张则只用于信封。三类纸张的原始尺寸如下。

- A 型纸 =841mm×1189mm
- B 型纸 =1000mm×1414mm
- C 型纸 =917mm×1297mm

这一标准下的纸张特征是，上一级纸张的尺寸总是下一级纸张的一倍大小，即一张纸对折即可得到两张下一级纸，例如 A3 是 A4 纸张的一倍，A3 纸沿长边对齐裁开即为两张 A4 纸张。图 3-11 为 A 类纸张中各等级纸张的相关关系。B、C 类纸张都具备同样的特点，可以以此类推。

图 3-12 中是 A、B 两类的主要纸张尺寸。

2. 开型纸张标准

这是中国国内通行的一种纸张尺寸，也就是我们常说的"几开纸"，这种纸张类型多用于书刊，常见的尺寸有 32 开（即被裁切为 32 张，一般用于书籍）、16 开（即被裁切为 16 张，多用于杂志）、64 开（即被裁切为 64 张，多用于字典、连环画）。

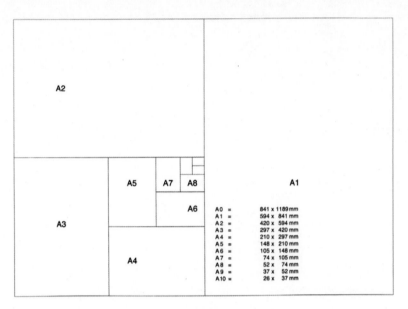

图 3-11 国际现行纸张标准

规 格	A0	A1	A2	A3	A4	A5	A6	A7	A8
幅宽(mm)	841	594	420	297	210	148	105	74	52
长度(mm)	1189	841	594	420	297	210	148	105	74
规 格	B0	B1	B2	B3	B4	B5	B6	B7	B8
幅宽(mm)	1000	707	500	353	250	176	125	88	62
长度(mm)	1414	1000	707	500	353	250	176	125	88

图 3-12 A、B 两类主要纸张尺寸

通常将一张按国家标准裁切好的原纸称为全开纸或一开纸。全开纸的标准有两种，一种幅面尺寸为 787mm×1092mm，被称为正度纸；一种幅面较大，尺寸为 889mm×1194mm 的全张纸被称为大度纸。

不同于国际通用标准纸张，这种类型纸张的开纸方式多样，可根据设计的需要开出不同尺寸的开型纸张。

1) 几何开纸法

与国际通用标准一样，这种开纸法按照几何数对开的方式开纸，这种方式传统、经济，纸张利用率高，印刷及装订方便。

2) 直线开纸法

这种开纸法可分为纵向及横向直线开纸，不浪费纸张，但开出的页数有双数、单数。

3) 纵横混合开纸法

这种开纸法能够得到尺寸多样的纸张，横向、纵向均可，但缺点也非常明显，往往无法直接开尽，容易造成浪费，而且印刷与装订不易，需要设计及制作人员投入较大精力进行校对。

图 3-13 中展示了目前市面上常用开纸方式产生的开本尺寸。

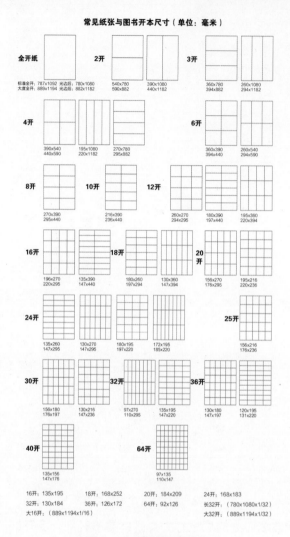

图 3-13　常见开本尺寸

◆ 3.2.2　度量系统

度量系统的引用最初是为了适用于照排系统，制作和应用不同的活字大小以适应不同的印刷需求，后逐步形成固定模式，即使印刷技术不断演变，这种度量系统仍被认作一种标准保存下来。目前在中国现行的版式度量系统同样主要分为两种，一种是国际通用的点数制体系，另一种是中国国内使用的号数制体系。

1. 号数制

这是中国用来计算汉字铅活字的度量系统，以互不成倍数的几种活字为标准，共八个号级，字号等级之间增加间隔字号作为补充，例如小四号字，字号大小按规律可划分为四个序列，每一序列之间字体大小呈几何倍数关系。

- 四号序列（一号、四号、小六号）。
- 五号序列（初号、二号、五号、七号）。
- 小五序列（小初号、小二号、小五号、八号）。
- 六号序列（三号、六号）。

号数制最大的优点在于极为简便、直观，使用时按照用途直接选择字号即可，不需要担心字体的实际大小。例如，正文字体直接选用五号。而缺点在于，其一，字体的选择受到字号的约束，选择有限，过大或者过小的字体都无法在这一体系内找到；其二，字号之间没有统一的倍数关系，且字号不代表实际尺寸，所以字号大小运算十分复杂。

2. 点数制

点数制又被称作磅数制，是欧美各国用来计算拉丁字母大小的标准制度。点数制共有两种，一种是应用于欧洲大陆的迪多制，以巴黎字体商菲尔曼·迪多命名，后逐步被整个欧洲国家所采纳；另一种是英美制，主要应用于英国与美国，中国也有部分应用，英美制的最小字号为 1 点，一般最大为 70 点。其中，8 ~ 12 点最适合用于书籍的正文。

在英美制中，每个字号的字体都配合有五种不同的宽度，一个字族通常会有窄体、中等体、宽体、特窄体、特宽体。但一般来说，中等体是最易阅读的字体。

字号	磅数	宋体	黑体	楷体
初号	42	宋体初	黑体初	楷体初
小初	36	宋体小初	黑体小初	楷体小初
一号	26	宋体一号	黑体一号	楷体一号
小一	24	宋体小一	黑体小一	楷体小一
二号	22	宋体二号	黑体二号	楷体二号
小二	18	宋体小二	黑体小二	楷体小二
三号	16	宋体三号	黑体三号	楷体三号
小三	15	宋体小三	黑体小三	楷体小三
四号	14	宋体四号	黑体四号	楷体四号
小四	12	宋体小四	黑体小四	楷体小四
五号	10.5	宋体五号	黑体五号	楷体五号
小五	9	宋体小五	黑体小五	楷体小五
六号	7.5	宋体六号	黑体六号	楷体六号
小六	6.5	宋体小六	黑体小六	楷体小六
七号	5.5	宋体七号	黑体七号	楷体七号
八号	5	宋体八号	黑体八号	楷体八号

图 3-14　点数制

号数制与点数制之间可以相互切换，设计师在操作过程中可根据实际需要选择适合的度量系统。

◆ 3.2.3　页面布局

页面布局是对页面中的信息元素进行格式设置、布局整合，在版式设计中具有重要的地位，常用的页面布局有栏宽、行距、页边距、页码，通过有意识地调整这些格式设置，设计师可以轻松地整合出严谨、清晰的版面，大大提高版面设计的成功率。

1. 栏的宽度

文字作为视觉元素的一种，当出现在版面中时，并非是以单个文字作为单位，而是以段落或文本框作为视觉单位，这就决定了一段文字的信息获取度是否上佳，取决于整个文本框的识别性，影响这种识别性的因素有很多，诸如字号、行距、行的长度等。设计师在面对这种视觉元素时，应该始终将文本框作为一个完整的视觉单位去考量，影响这一视觉单位识别度最大的因素则是栏宽。

栏的宽度不仅是一个设计选择的问题，更多涉及文本信息的易读性。过长的栏宽会使一行文字中容纳的信息过多，即使十分充满耐心的读者也容易引发视觉疲劳；而过短的栏宽会使信息过于破碎。读者将被迫不停地在每一行之间跳跃，使信息的获取性变差。所以，在面对文字元素时，栏宽应该是设计师考虑的一个重心，选择合适的栏宽就显得十分重要。

根据设计经验而言，人眼与出版物的阅读距离一般为 30 ～ 35cm，以正文五号字为例，每行能够容纳的字数极限为 40 字左右，但设计师应尽力避免读者面对如此长的栏宽，中文版式每栏容纳的文字数量不宜超过 20 ～ 30 个字。当文本过长时，设计师应该适当加入图形或者点、线、面来填充版面，一方面可以有效限制栏宽，防治读者视觉疲劳；另一方面可以使原本单调的版面增加跳跃感，提升设计美感。

当面对大篇幅文字信息时，却又缺乏适合的图形作为辅助，那么最好的方式便是选择分栏，将原本冗长的文本框一分为二，甚至更多，不仅有效地防止了大篇文本造成的沉闷感，由于分栏产生的纵向视觉流程符合人们的行为习惯，使阅读更加顺畅。如图 3-15 所示，通过将大篇文字一分为二，减少读者阅读的压力。

图 3-15　分栏

　　归根到底，栏宽取决于文本信息的数量与字号的大小，即使上面提到中文版式的每行文字极限并保持在 20 ～ 30 字，也只适应于文本信息有一定长度及标准的五号字的情况下。如果文本信息过短，或者字号需要放大，那么这条经验也并不适用。

　　例如，我们需要使用五号字作为文本正文，使用二号字作为标题文字，那么栏宽的长度应该尽量按照标题字的需要，在字间距合理的情况下，标题文字的栏宽则应是正文栏宽，这符合网格与对齐的需要。如图 3-16 所示，可以根据不同的字号大小来调整栏宽，以适应阅读与对齐的需要。

图 3-16　不同的栏宽

　　如果文本信息过短的情况下，那么栏宽的长或短都不会过于影响文本信息的获取。

2. 行距

　　影响文本信息获取的第二大因素为行距。读者在进行阅读时，除了聚焦的视觉中心之外，还会不断接收到上下文的文本信息，那么考究视觉焦点的上下留出的视觉空间则十分必要，这个视觉空间就是行距。

　　行距值也决定了一个页面能容纳的行的数量。行距越宽，每页能容纳的行数也就越少，反之亦然。一个良好的行距值能够给人以舒适之感，平和、顺畅的阅读流畅性能够不断激发读者的灵感，使读者与出版物之间保持良好的互动。

　　行距如同栏宽一样，过大或者过小都会影响到文本的可阅读性，进而影响到整个版心。如果行距过大，读者跳行时会因为经历漫长的等待而失去耐心，同时会在读者心中将上下文的信息联系打断；如果行距过小，那么读者会因为文本粘连在一起，导致串行的情况不停地出现，版面中的文本会变成一个灰色板块，严重影响到视觉的清晰度与平静感。

一个适当的行距能引导读者阅读的视觉转移，使之在阅读过程中建立信心和稳定性，从而使文本自身更易被读者吸收和记忆。

行距的大小，不仅取决于字体大小，同时也取决于版面信息的内容，如图 3-17 所示，诗歌的行距就要比一般书籍编排得更加松散，行距更大，这是为了给人以思维停留的空间，使读者能够细细品味诗歌中的韵味。而一般报纸的行距就略小，则是为了展现严谨、紧凑的新闻时效性。

图 3-17　不同题材的栏宽

3. 页边距

页边距最初的设置是为了保证在印刷裁切的过程中内容不致因为技术问题而误裁，所以早先在进行排版时，会在页面周围预留 5mm 的出血位置来避免这种误差，后来人们发现采用不同尺寸的页边距，留白与内容之间的对比能够使人们的阅读变得更加流畅，减少人们在阅读大面积文字时的烦闷，同时产生一种形式美感，于是，后来便形成了较为固定的预留页边距的模式。

不同的页边距会产生不同的版面效果，在版面中将视觉元素缩小，扩大空白区域，可以将版心率缩小，配合以简洁的无衬线字体，可产生典雅、富有张力的画面效果。但如果反之，扩大版心率，可使画面中的信息得以扩大，呈现稳重、理性的效果。不同的页边距适用于不同的版面内容，较大的页边距适用于书籍、杂志等预算较为充足的出版物，因为较大的页边距必然造成容纳信息过少，预算增加。而页边距较小的版面，容纳信息较多，适用于较为严肃的版面。

同时，在杂志与画册设计中也可以选择不预留页边距，采用满版设计，即将图片扩大到整个版面中，这类版面可以营造丰富的视觉感受，产生强大的代入感。还可以与有页边距的版面混合使用，设计出极具现代感的版面，展示出清晰、简约的感觉，如图 3-18 所示。

图 3-18　不预留页边距的版面

将版面元素缩小，版心率降低，可产生典雅的视觉效果，如图 3-19 所示。

图 3-19　低版心率页面

一般正式的书籍版式中，页边距都采用适中的距离，较高的版面率可以营造严肃的版式氛围，如图 3-20 所示。

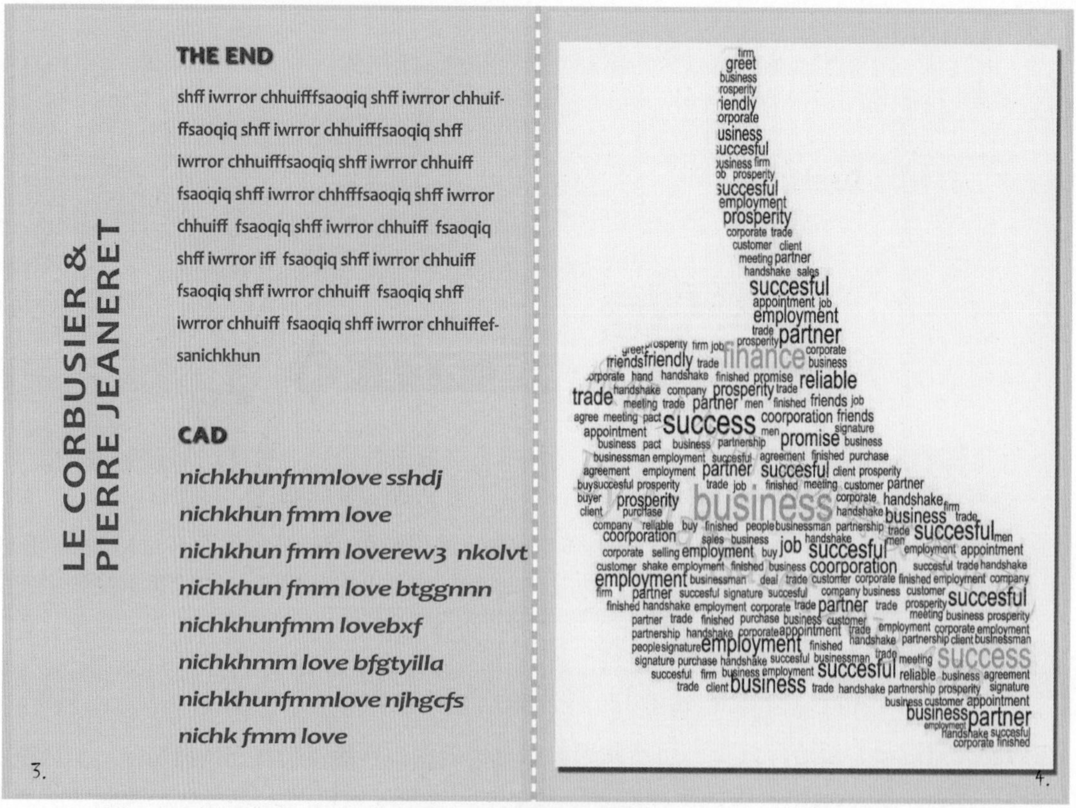

图 3-20　正常版心率页面

满版的设计在杂志版面中极为常见，能够给人极强的代入感。

4. 页码

　　页码最初的作用是为了提醒读者所在的阅读位置，配合目录进行有效检索。在长期的发展中，页码在版式中不仅起着实际的索引功能，也作为版面中"点"的概念，增加画面的审美特色。

　　从严格意义上讲，对于页码的大小与位置并没有十分严格的规定，但页码适合的位置仍然依据版心位置与页边距的比例来确定。

　　页码在版面中的设置应满足功能和审美两方面的需求。虽然页码可以设置在版心周围的任何位置，但最合适的位置仍然是根据版心位置和页边距的比例来设置。只有在极个别的案例中，页码才会放到切口上。页码的不同位置会影响到读者的观感心理，页码在页面中主要被放置在以下几个位置。

　　其一，将页码放置在版心中轴线上，这是一种追求稳定的版式首选之策；其二，将页码放在切口侧，可以引导视线向外侧移动，引导读者不停地翻页，加强页面的不稳定感，但需要注意的是，仅在版面稳定的情况下才可以采用这种方式；其三，页码如果被放置在版心的左侧或右侧，那么页码与版心的距离最好相当于栏间距的大小，这样的版面能使读者产生稳定、安静的视觉感受，如图 3-21 所示。

　　在图 3-22 中，页码的设计以左下角及右下角最为常见，应用于版式沉稳的版面中，可以将视觉引导至页脚，从而促使观众不断翻页。

图 3-21　页码的视觉效果

图 3-22　页码引导读者翻页

如图 3-23 中，居中的页码能够使版面呈现出稳定、安静的感觉。

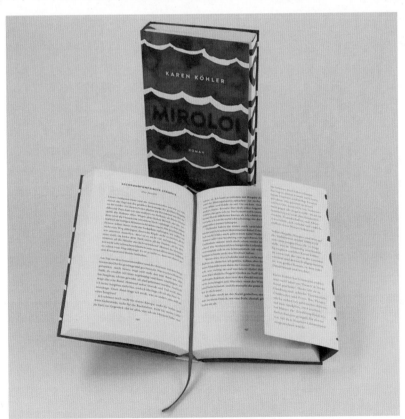

图 3-23　居中的页码效果

将页码放置在切口处，可以增加页面角落的视觉重量，为过于严肃的画面增加跳跃感。

第4章　版式设计中的色彩

本章概述：

本章主要讲解版式设计中色彩的运用，包括配色基础知识、版面中色彩的选择、色彩的搭配法则、版面配色的选择依据等。

教学目标：

通过对本章的基础理论及相关案例的学习，让读者逐步掌握版式设计中色彩的基本要素及相关组合策略。

本章要点：

色彩的三要素，如何通过版面内容来选择主题色及辅助色，掌握色彩的不同搭配原则以突出版面主题及重要信息。

在一幅完整的版式设计作品中，色彩往往是最先受到受众关注的元素。因此，色彩的相关知识、选择依据、搭配法则就成为每位设计师需要掌握的核心要点。

提到版式设计中的色彩或配色，无论是方法还是理论都可以算作规律的总结，因此了解色彩的原理并总结经验，对于版式的设计是非常有帮助的。接下来将重点阐述色彩的理论知识及配色技巧。

4.1　配色基础知识

日常生活中人们会看到各种各样的色彩，并且对这些色彩有一些联想的固有观念，因此设计师在版式设计中选择什么样的色彩、色彩的基本属性和对比类型是需要了解的基础知识。

4.1.1　色彩感知

色彩是人们对客观世界的一种感知，无论是在大自然或社会生活中，都存在着各种各样的色彩，人们的实际生活与色彩密切相关。

人类对色彩的认知与人类自身的历史一样漫长，物体的色彩与形状作为最基本的视觉反映，存在于人类日常生活的各个方面，比如风景的色彩和水果的色彩，如图4-1和图4-2所示。在人类的发展过程中，色彩始终发挥着重要的作用，是人类视觉符号中最明显的因素。人们不仅感受着绚丽多姿的色彩世界，同时也在时代变迁的过程中不断深化着对色彩的认识和运用。

图 4-1　风景的色彩　　　　　　　　　　图 4-2　水果的色彩

　　色彩是通过人们的眼睛、大脑和生活经验所产生的一种对光的视觉效应。如果没有光线，人们就无法在黑暗中看到物体的形状与色彩。对色彩的感知取决于人们的感觉和知觉，因此，人们在认识色彩的时候，并不是在看物体本身的色彩属性，而是将物体反射的光以色彩的形式进行感知。

　　可见光是电磁波谱中人眼可以感知的部分，一般在 380~780nm 波长的范围内，包括从红色到紫色的所有色彩的光，如图 4-3 所示。不少生物能看见的范围跟人类不一样，例如蜜蜂能看见紫外线波段的光线。

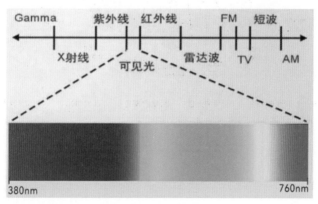

图 4-3　人眼可见光

　　光线在物体的表面反射或穿透，进入人们的眼睛，再传递到大脑。人们认为树叶是绿色的，并不代表光线本身是绿色，而是通过大脑判断出了绿色。

4.1.2　色彩的属性特征

　　色相、明度和纯度三个要素被称为色彩的属性，其中对人类心理影响最大的是色相。人们在认识色彩的时候，首先识别的是色相，然后是明度和纯度。色彩的使用在设计作品中起着非常重要的作用，可以说，设计作品给人的印象在很大程度上取决于使用的色彩及配色的效果。

1. 色相

色相是对各类色彩相貌的称谓，即人们看到的颜色，如大红、天蓝、明黄等。色相是色彩最大的特征，是区别各种不同色彩的最准确的标准。除了黑、白、灰以外，所有颜色都具有色相这一属性，色彩的成分越多，色相就越不鲜明。最基本的色相为红、橙、黄、绿、蓝、紫这几种，如图 4-4 所示。

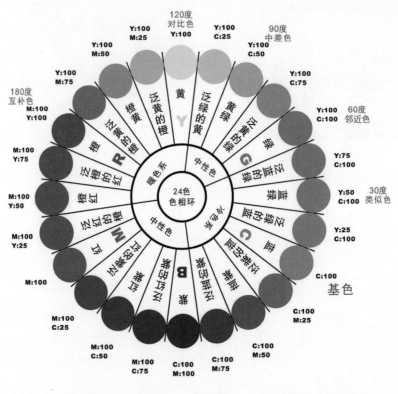

基色　　30度类似色　　60度邻近色　　90度中差色　　120度对比色　　180度互补色

图 4-4　色相环

2. 明度

明度是人们眼睛对光源和物体表面的明暗程度的感觉，主要是由光线强弱决定的一种视觉经验。一般来说，光线越强，物体看上去越亮；光线越弱，物体看上去越暗。色彩的明度是指色彩明亮的程度。各种有色物体由于反射光量的不同而产生色彩明暗强弱的变化。色彩的明度分为两种情况：一是相同色相的不同明度；二是不同色相的不同明度，如图 4-5 所示。

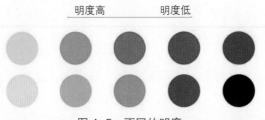

图 4-5　不同的明度

3. 纯度

纯度通常是指色彩的鲜艳度。从科学的角度看，一种色彩的鲜艳度取决于这一色相发射光的单一程度。人眼能辨别的有单色光特征的色彩都具有一定的鲜艳度。不同的色相不仅明度不同，纯度也不相同。色彩的纯度也是指色彩的纯净程度。它表示色彩中所含的有色成分的比例，比例越大，所含的有色成分就越多，纯度就越高；比例越小，所含的有色成分越少，纯度就越低，如图 4-6 所示。

图 4-6　不同的纯度

4.1.3　色彩的对比类型

色彩的对比分为色相对比、明度对比和纯度对比，通过这些对比处理，能够使版面的视觉效果更加强烈，产生突出主题、加强印象等效果。

如图 4-7 的"2011 年环法自行车比赛"系列招贴广告设计中，将自然环境中的不同人物、建筑和植物采用不同的色相、明度和纯度进行对比，体现了强烈的视觉反差，增强了版面的趣味性和视觉冲击力。

图 4-7　色相、明度和纯度对比

图 4-8 的这款杂志封面的版面设计中，背景和标题分别以蓝色和黄色为主色调，两者形成色相的对比，使版面富有变化和节奏感。而其中的人物穿着白色的服装，并且版面的小号文字也使用了白色，这样的处理将加强标题和背景的联系，形成对比中有统一的视觉印象。

图 4-9 的版面设计中运用了纯度对比的方式，其中植物的绿色及绿色块面之间的纯度差异使版面产生了丰富的层次感。

图 4-8 色相对比

图 4-9 纯度对比

◆ 4.1.4 色彩的作用

1. 色彩的识别性

色彩作为一种非常有效的视觉传播语言，只有将其运用到设计中才能体现出价值。将色彩的形式与功能进行融合，在两者的有机融合中才能体现出设计师的设计意图。

图 4-10 果汁招贴

色彩作为视觉元素中最刺激、最醒目的视觉符号之一，对版面整体吸引力有着举足轻重的作用。在企业识别系统中，色彩成为决定品牌差异性的关键因素，有助于提高版面的识别性，使观者能够迅速地留下印象，并进一步巩固记忆。

如图 4-10 所示，该版面中的几款饮品虽然是同一类型，但是它们在口味方面有一定的差别，为了更好地进行区分，所以就赋予了它们不一样的色彩，令消费者能够通过色彩对其进行区分和识别。

通过某一种色彩，人们很容易联想到相关事物。例如，人们看见紫色会很自然地联想到葡萄，同时味觉上也会产生相应的反应，这就是紫色所代表的葡萄形象带来的一连串反应，所以色彩的形象运用会使设计变得更加生动、具体。

在食品的包装设计中，色彩的选择相当关键，合理的色彩选择会通过视觉的诱导，进而刺激人们的味觉，如包装选择黄色和红色，会让人联想到与橘子有关的画面。

要想使设计作品具有较高的识别性，通过优秀的色彩搭配给人留下深刻的第一印象是非常有效的方法。版面设计中的图形、文字和版面率都与色彩紧密相关，合理的图文配色是版面设计成功的要素之一。

（1）色彩与图形的关系：运用适当的、不同的色彩来表现图案，可以使图案的效果更加丰富，形式美感更强。图案的色彩是图案语言的重要组成部分。色彩是直接影响图案设计成败的要素之一，色彩运用巧妙得体，就能够充分体现图案的丰富多彩和装饰的魅力。图案的色彩强调归纳性、统一性和夸张性，尤其注重对整体色调的设定。

（2）色彩与字符的关系：色彩对字符最明显的影响就在于字符的可读性。白底黑字是最常用的搭配，黑白两色的巨大差异保证了字符极高的辨识度。如果字符的色彩使人们产生了阅读障碍，那么再美的色彩也是不可取的。

（3）色彩与版面率的关系：版面率主要由页边的留白量来决定，页边的留白量越大，版面率越高；页边的留白量越小，版面率越低。除此之外，色彩对版面率也有影响。例如，在相同的版面中，白色的底色和红色的底色相比，白底的版面率要比红底的高。因此，在版面显得空旷却没有更多的元素可以添加的时候，通过色彩的变化来调整版面率，可以使版面达到更加饱满的效果。

在版式设计中需要用到不同的色彩属性来进行处理，色彩的色相、明度和纯度的表现之间存在着一些规律和差别。例如，以展示色相为主的内容，需要着重展现每一种色相的特点，常与较为分散的版面相搭配；而以明度差异表现为主的内容，可以通过重复、叠加等编排方式来体现不同明度之间的对比效果；如果是以纯度差的表现为主的内容，可以选择同一种色相，通过添加不同比例对比色的方式来展现出不同纯度之间细腻丰富的层次变化。

需要注意的是，大多数设计作品都不止通过一种色彩属性来表现，综合三种色彩属性的设计能够使版面的效果更加优秀。

2. 色彩的导向性

色彩除了具有丰富版面、传达主题等作用之外，还具有引导视觉流程的作用。在版面设计中，通过对色彩的位置、方向、形态等特征的安排，使色彩具备了指引的作用，也使版面的视觉流程更加清晰、流畅。这样一来，重点的内容就更容易引起读者的注意。

如图 4-11 所示，该杂志内页的版面设计中，最突出的颜色是明黄色。左页的黄色色块是倾斜的，将读者的视线引导至右页丰富的信息上，其中还使用了粗体字对重点的文字进行提示，以引起读者的注意。

如图 4-12 所示，该网页的版面设计中，整体头部的背景和重点区域都使用了蓝色，这样可以明确划分区块，对读者进行提示，引导读者从上至下阅读文字信息。

如图 4-13 所示，该版面中运用的色彩元素不多。黄色的色块连接成

图 4-11　杂志排版

一条曲线，引导读者按照路径所指引的方向来阅读内容，以避免因内容过多、过细而造成阅读顺序的混乱。

图 4-12　网页排版 1

图 4-13　网页排版 2

3. 色彩的文化性

不同的国家、民族和地域，对色彩的感知是不一样的。例如，中西方对黑色的态度相似，而对白色的态度则大相径庭；黄色在中国封建社会里是尊贵色彩，象征着皇权、辉煌和崇高等，而在西方却常有忧郁、病态、令人讨厌、胆小等含义；红色是血与火的颜色，在中国人心目中代表喜庆、成功、吉利、忠诚和兴旺发达等，而在西方常用作贬义，表示残酷、狂热、灾祸、烦琐、血腥等意思。

如图 4-14 所示，该版面设计主要运用了红色，红色是中国文化中最为重要的颜色，整个版面给人吉祥、喜庆的感觉。

如图 4-15 所示，该版面设计以黑色为主，黑色有时被认为是魔鬼、邪恶、痛苦与不幸的象征。

图 4-14　红色版面

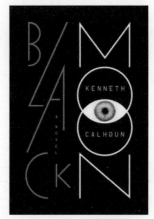

图 4-15　黑色版面

合理地运用色彩，能够有效地刺激消费者的视觉，让色彩在人们的头脑中形成相对稳定的印象。如果一个企业长期以一种积极的色彩面向消费者，其在消费者心目中树立的形象也将是积极、有活力、热情向上的，甚至能带给人们一种积极思考、生活的方式。一个品牌要想在同质化严重的市场环境下脱颖而出，只有通过走差异化道路才能实现，这就需要企业用独特的语言、独特的表现方式、独特的风格来表现产品，以形成企业特有的产品色彩和品牌形象。

红色和黄色通常代表热情、活力等，给人积极、兴奋的感受和印象，常用于餐饮、能源等领域的品牌形象。

绿色通常代表和平、安宁、清爽等，给人舒适、可信赖的视觉感受，常用于环保、公益等品牌形象。

蓝色通常代表理性、科技、睿智等，给人理智、科学、精密、严肃等印象，常用于机械、电子等品牌形象。

色彩丰富的搭配通常给人炫丽、丰富、欢乐等印象，常用于媒体、音像、食品等品牌形象。

4. 色彩的时代性

色彩还具有很强的时代性，它的时代特征是被人们随机赋予的，就像其本身并不具备情感的因素，却能引起人们丰富的情感联想一样，是人们在某一时间段由于外部的影响而形成的一种对某些色彩的特殊偏好，正如流行色是由国际流行色委员会确定并通过大力宣传而让人们接受并喜欢一样，使用某种色彩在特定的时代具有一种特别的情感。

如图 4-16 所示，这是一个复古的版式设计，版面上色彩单一，同时整个版面的色彩明度都不是很高，这种样式非常符合民国时期人们对色彩的追求，而对于现代的大多数人来说，这样的色彩就缺少一点生气。

了解色彩的时代特点对设计师的设计具有积极的指导作用，使设计师能够根据人们的喜好去选择色彩，使色彩的作用得到有效利用。但是，对于这种特性的使用也要注意目标对象，因为时代特点具有一定的时间局限性，一般寿命较短，所以在使用时，对于那些正规的、权威的内容要谨慎使用。

如图 4-17 所示，该版面使用了大胆、丰富的色彩，大量高纯度、高明度的色彩集中于版面上，使版面非常热闹。同时通过加入对比关系，让版面关系比较协调，但是这种色彩搭配缺少时间的延续性。

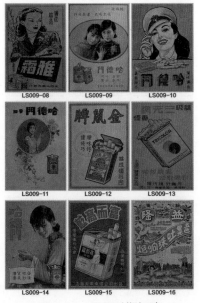

图 4-16　民国时期招贴

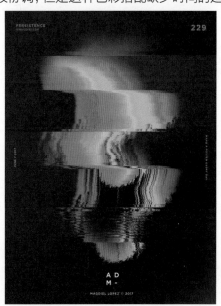

图 4-17　大胆的色彩搭配

5. 色彩元素对版面视觉效果的影响

影响版面视觉效果的色彩元素有很多，例如色彩的属性、色调、色数、所占的面积等。在设计时，应综合多方面的因素来考虑，以找准设计的定位，并呈现出良好的视觉效果。

如图 4-18 所示，该海报的版面设计中，色彩种类较多，没有特别的色相倾向，色块分布较为均匀，色调明亮，整个版面给人亲切、愉快的感受。

如图 4-19 所示，该海报的版面设计中，使用的色彩种类较少，变化微小而细致，只运用了黑、白、金三种色彩，整体色调深暗。整个版面呈现出纯粹、精致、高品质的印象，符合产品的定位。

图 4-18　色彩丰富的海报

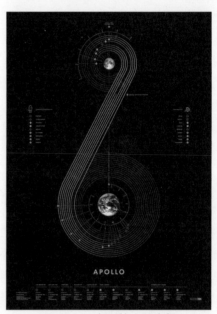

图 4-19　色彩较少的海报

4.2　版面中色彩的选择

色彩具有最丰富的情感表达，红色热情而奔放，黄色单薄却耀眼，橙色温暖且甜美，蓝色冷静而忧郁，紫色高贵而浪漫，绿色舒适而有生机……它们还能够更丰富，伴随着色彩细微的变化，其表达的情感将更加细腻、丰富。

当版面中出现色彩的时候，我们会不自觉地受到它们的影响，感受这些色彩或愉快，或悲伤，或平静，或紧张，或严肃，或活泼的表现。

版面中是否需要色彩，我们又该怎样去选择色彩呢？

我们习惯将黑、白、灰称作无彩色，在这里就暂不将它们列入色彩的行列。事实上很多版面都是只有黑白而没有其他色彩，但这些版面仍然有非常个性和特色的表达。因此，可以得出一个结论，即色彩不是必需的，但色彩也确实可以丰富版面的表达。那么，用不用色彩，怎么用色彩，便成为设计师需要思考的内容。通常情况下，色彩的选择与版面的主题、内容及针对的受众群体、版面投放的媒介等有关。

 4.2.1　根据版面主题选择色彩

　　基本上所有的版面都是有明确主题的。大部分情况下，一个版面有一个主题，也有多个版面有一个主题或一个版面有多个主题的情况。版面中色彩的选择要考虑版面主题的需求，如果是严肃的主题，色彩的选择不宜丰富；如果是轻松的主题，色彩可以轻快、舒适；如果是年轻的主题，色彩可以青春、有活力；如果是成熟的主题，色彩应该稳重、可信……例如，图 4-20 是以冬季圣诞节为主题的招贴设计，整体使用蓝灰色与红色的搭配，以此来凸显冰雪世界与圣诞节欢愉的主题特色。再如图 4-21 的万圣节招贴，整体运用的色彩与圣诞色彩完全不同，黑色与绿色的搭配表达了万圣节黑暗、戏谑的风格。

图 4-20　圣诞节招贴

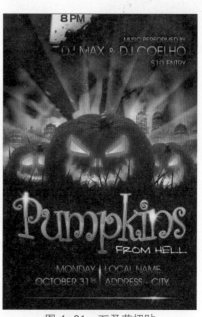

图 4-21　万圣节招贴

4.2.2　根据版面内容选择色彩

　　内容比主题更具体、更明确，设计师可以更准确、更细腻地把握。色彩则是烘托画面氛围的有力表现元素。有时候画面已经有了明确的色彩，例如图片内容所表现出来的色调或文字内容所描述对象的颜色。这种情况下，版面中要出现其他色彩，就必须考虑与这些已有内容色彩的关系。有时候画面并没有明确的色彩指向，那就需要设计师去分析，去细细品味画面中隐含的色彩含义。如图 4-22 所示，页面的内容是关于美食的，页面中的美食呈现出金黄色，基于户外烧烤的环境因素和食物的特色，整个页面则以木质纹理和黄灰色调为主。

图 4-22　美食页面

4.2.3　根据受众群体选择色彩

　　人的心理是最难以把握的，每个人对色彩都有独特的感受与喜好，但这也并不是绝对的，善于总结的人们总是能从其中找到一些规律。例如，儿童大多喜欢鲜艳、丰富的色彩，老人大多喜欢沉着、温和的色彩，女性大多喜欢柔和、温暖的色彩，男性大多喜欢阳刚、冷静的色彩，等等。但以上只是大概情况，设计师设计的时候还需根据具体情况做具体安排。如图 4-23 所示，婴儿果泥包装设计便使用了可爱的图形文字并搭配丰富的色彩，来表达水果的丰富及果泥的细腻质感。在背景色彩的选择上，没有直接选择水果的颜色，而是选取了水果色彩的对比色，并提高了明度，将水果鲜嫩的特点衬托得更加鲜明，整体色调明亮活泼，符合儿童的喜好。

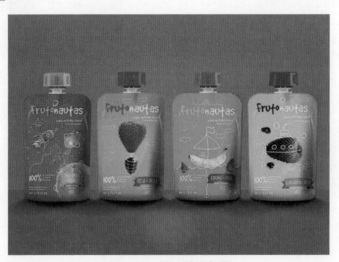

图 4-23　婴儿果泥包装

4.2.4　根据媒介选择色彩

　　传统的纸媒，由于媒介不同、材质不同，对色彩也有着不同的要求。例如，报纸不太适合表达微妙的色彩变化；海报需要丰富的色彩变化来表现冲击力；杂志能表达丰富而细腻的色彩。而现代的电子媒介却不同，特别是随着科技的发展，无论是电视、电脑，还是手机，都具有很好的色彩表现力，但它们对色彩的需求也是有区别的。手机由于受尺寸的限制，不需要做太过细微的色彩变化。再加上现在已经过了追求繁复而一味炫技的时代，出现了扁平化的趋势，色彩也更为简洁和干净。图 4-24 是一个手机 App 界面，版面中使用蓝色作为背景，重点信息以图标搭配单色色块进行强调，形成了良好的视觉识别，给人以清新、明快的视觉感受。

图 4-25 为宣传册封面的设计，采用高饱和度的色彩对比来表现强烈的视觉效果，具有很强的视觉吸引力。

图 4-24　App 界面

图 4-25　宣传册封面

4.3　色彩的搭配法则

当色彩单独出现的时候，每种色彩都很美，并不存在错误的色彩或丑陋的色彩。然而色彩往往都是在某个背景前或环境中出现的，由此就出现了色彩搭配的问题。色彩搭配出现的时候就有适当或不适当的情况发生了。

在一个版面中，通常有前景色和背景色。前景色是指版面中图片、文字形象的颜色，包括主体形象和辅助形象；背景色是指底色，可以是黑白的，也可以是其他颜色的；既可以单色出现，也可以多色出现，其主要作用是衬托前景。

版面中的色彩搭配既有主体形象色彩与辅助形象色彩搭配的问题，也有主体形象色彩与背景色彩搭配的问题。主体形象的色彩通常比较鲜明，它与辅助形象色彩及背景色彩搭配大多以对比为主，包括色相、明度和纯度的对比，而辅助形象色彩与背景色彩的搭配大多以协调为主。

在版式的配色过程中，色彩组合不仅能渲染画面的视觉空间，使主题变得更加鲜明与生动，同时还能通过组合色相互间的对比与调和作用来提炼版式中的配色基调，带给观赏者非凡的视觉享受。

色彩的组合方式种类繁多且各具特色，最常见的搭配有同类色、类似色、邻近色、对比色和互补色。

4.3.1 同类色搭配

同类色是指拥有相同色相的一类色彩，该类色彩在色相上的差别是非常小的。人们主要通过明度上的深浅变化对同类色进行辨识与区分。

1. 同类色对比

当版面中采用了同类色搭配时，为了加强画面中的对比度，可以适当地增加一些该色彩的过渡色，通过这种方式不仅能营造出单纯、统一的画面效果，同时还能使版式的色调变化更为丰富与细腻。

如图 4-26 所示，将明度差异较大的同色系色彩调配到版面中，以丰富版式的配色关系。

2. 同类色调和

顾名思义，同类色调和就是降低同类色间的对比性，通常情况下，可以采用明度值相近的同类色来进行版式搭配，利用色彩间微弱的明度变化来打造和谐统一的视觉氛围。除此之外，还能使版式中的主题得到突出与强调，如图 4-27 所示。

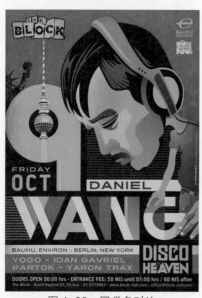

图 4-26 同类色对比

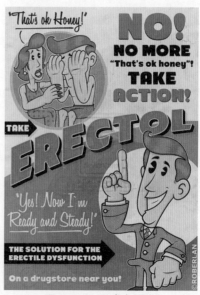

图 4-27 同类色调和

4.3.2 类似色搭配

类似色是指色相环上相连的两种色彩，如黄色与黄绿色、红色与红橙色等。类似色在色相上有着微弱的变化，因此该类色彩被放在一起时很容易被同化。但相对于同类色来讲，一组类似色在色相上的差异就变得明显了许多。

1. 类似色对比

为了在版式中有效地区分类似色，可以在该组色彩中间加入无彩色或其他色彩，以制造画面的对比性。通过这种方式不仅能够有效地打破类似色搭配所带来的呆板感与单一性，同时还能赋予版面简洁的配色效果，如图 4-28 所示。

2. 类似色调和

　　由于类似色在色相上存在着较弱的对比性，因此通过使用类似色搭配，可以帮助版面营造出舒适、朴素的视觉氛围，同时利用该画面效果，还能给观赏者留下深刻的印象，如图 4-29 所示。

图 4-28　类似色对比

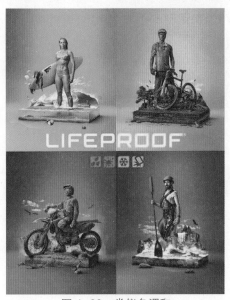

图 4-29　类似色调和

◆◆ 4.3.3　邻近色搭配

　　通常情况下，将色相环上间隔 60°～ 90° 的色彩称为邻近色，如橙黄色与黄绿色就是一对邻近色。相对于前两种色彩搭配来讲，邻近色在色相上的差异性较大，因此该类色彩在进行组合时，所呈现的视觉效果也是十分丰富与活泼的。

　　在版面的配色过程中，在画面中加入适量的邻近色，可以使画面体现出柔美、别致的一面，同时还可以提升版面的艺术性，给观赏者留下亲切的视觉印象，如图 4-30 所示。

◆◆ 4.3.4　对比色搭配

　　通常情况下，将色相环上间隔 120° 的两种色彩称为对比色，常见的对比色有蓝绿色与红色等。对比色在色相上有着明显的差异性，在版式设计中，配合主题合理地将对比色进行组合与搭配，可以使画面展现出鲜明、个性的视觉

图 4-30　邻近色搭配

图 4-31　对比色搭配

效果，如图 4-31 所示。

强对比： 对比色本身具备较强的差异性，为了在版面中加强它们之间的对比性，可以适当地提升色彩的纯度与明度，或扩大对比色在版面中的面积，通过这些方式来加强对比色的冲击力。

弱对比： 将对比色的纯度或明度调低，可以有效地减弱色彩间的对比性。除此之外，还可以在对比色间加入渐变色，利用渐变色规律的变化性来缓解对比色的刺激效果，使画面变得更加自然、和谐。

◆ 4.3.5　互补色搭配

互补色是指在色相环上间隔 180° 的一对色彩，常见的互补色有红与绿、黄与紫，以及蓝与橙三种。在色彩搭配中，补色的对比性是最强的，因此将互补色组合在一起可使版面产生强烈的视觉冲击力。为了更好地发挥互补色的作用，应根据主题的需要，对补色进行适当的加强与调和处理。

互补色是一对具有强烈刺激性的配色组合，它在视觉上能带给人冲击感。在版式的配色设计中，利用补色间的强对比性，可以打造出具有奇特魅力的视觉效果，同时给观赏者留下非常深刻的记忆，如图 4-32 所示。

弱对比： 所谓弱对比，是指通过特定的表现手法来降低补色间的对比性。在一幅平面作品中，过于强烈的补色组合会使人的视觉神经产生疲劳感，甚至影响版面的信息传递。对色彩进行调和的目的就在于缓解画面的冲击感。常见的调和方法有减少补色的配色面积，或直接降低色彩的纯度与明度等，如图 4-33 所示。

图 4-32　互补色搭配 1

图 4-33　互补色搭配 2

◆ 4.4　色彩在版式设计中的应用

色彩在版式设计中的作用十分重要。设计师可以利用色彩规律来达到特定的版式任务，好的色彩能够突出版面中的重点信息和主题，同时加强版面节奏感。

4.4.1　利用色彩突出版面重点信息

　　缺乏对比的版面设计容易给人单调、乏味的印象，适当的对比可以活跃版面，并突出重点信息，利用色彩搭配来突出重点是一种方式。

　　运用色彩的对比可以对版面中的重要信息进行突出显示，令读者能够快速、准确地将目光定位在重点内容上，达到有效传达信息的作用。利用各色彩的色相、明度、纯度和色调之间的差异性来表现，这是色彩设计中十分常见的表现手法。

　　如图 4-34 海报的版面设计中，运用红、黄、蓝三色的搭配，使版面具有稳定性，将最醒目的红色放在版面中间，以突出重点。

　　如图 4-35 海报的版面设计中，整个背景都被色彩覆盖，版面色彩对比强烈。为了突出重点的文字信息，将其处理为红色，与背景的有彩色形成对比，并强化了字符笔画，使其更加醒目。

图 4-34　色相的差异性 1

图 4-35　色相的差异性 2

4.4.2　利用色彩突出版面主体

　　为了突出版面中的主体元素，常常通过将其放置在版面的重心位置，并放大其面积，以及在主体元素旁大面积留白等编排方式来达到目的。除了上述这些方法，利用版面色彩之间的对比来突出主体也是一种有效方法，主要通过不同色彩之间的色相、明度、纯度和色调之间的差异来表现。

　　如图 4-36 海报的版面设计中，主体是位于版面中心位置的诸多白点，版面中大面积使用了黑色作为背景，运用各式色彩形成了与黑色背景的对比，白色文案在其上面积虽小，但在衬托之下却成为画面上最吸引人目光的点。

如图 4-37 所示，该版面的主体是位于页面中心的两个黑色人物剪影，色相以黄、黑色为主，对比强烈。为了突出主体，背景使用了色调较昏暗的晚霞衬托主体，烘托了版面的气氛，加强了"团聚"温馨感，但两个剪影之间透露出的色彩却暗含了某些主题。

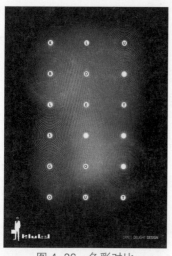

图 4-36　色彩对比

图 4-37　电影海报

如图 4-38 所示，该音乐招贴的全部元素几乎都是英文字母，通过色块将其连接，形成画面的中心元素——吉他，画面的背景选择了较多灰度的色彩，将色彩纯度较高的主题文字突显出来。

如图 4-39 所示，该版面设计中的主体是页面中心的电子产品，由于主体是无彩色的黑色，因此背景使用了较为丰富的有彩色，加上主体的极简造型与背景的丰富变化，形成了强烈的对比效果。因此，即使主体的面积较小，也是版面中最醒目的元素。

图 4-38　音乐招贴

图 4-39　电子产品海报

4.4.3　利用主次色调加强版面节奏感

在版面设计中，通常会以一种色调作为主要色调，但如果所有的元素都只用一种色调来表现，就很容易给人沉闷、单一、平淡的感觉。因此，除了主色调之外，往往还会有一种次要的辅助色调，以形成版面中的色彩，使整体富有变化、节奏感和生动感，同时还能起到突出主体的作用。

　　如图 4-40 所示，该海报的版面设计中运用了两种色调，作为主体的字母和人物使用的是非常鲜艳的色调，成为版面中的重点；其他的背景元素使用了比较暗的色调，与主体色调形成对比，令主体更加突出。

　　如图 4-41 所示，该海报招贴版面中的背景是对比度较低的色彩，前方文字使用了与背景对比度较高的橙色，将较为鲜艳的橙色放在画面的重心，使版面中出现了一些鲜艳的色彩，打破了画面的沉默。

图 4-40　色调对比海报

图 4-41　对比度对比海报

　　如图 4-42 所示，该海报的版面设计背景以较为浑浊的浓色调为主，橄榄绿呈现出低调、有品质的感觉。版面上的主要文字运用了鲜艳的色调，在展现啤酒新鲜美味的同时，也与背景色调形成了对比，使版面有了活力和亮点。

　　如图 4-43 所示，该海报的版面设计以黑暗的色调为主，为了避免沉重感，将版面中的文字内容处理成鲜艳、明亮的色调，与主色调形成强烈的对比，突出了主题，并且使版面具有强烈的视觉冲击力，更能感染读者。

图 4-42　明度对比海报 1

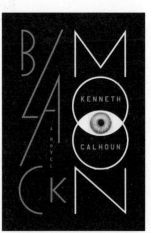

图 4-43　明度对比海报 2

4.5　版面配色的选择依据

版面配色并不仅仅依据是否好看，还需要考虑理性的元素及是否适合，合理地选择版面配色才能表达出恰当的含义，主要有三种选择方法：根据用户和产品属性、根据消费群体和根据产品属性。

4.5.1　根据行业与品牌属性进行版面配色

合理应用色彩可以起到良好的宣传作用，并且也能树立良好的品牌形象。产品的合理用色可以使消费者产生情感互动，从而带动消费行为。

如图4-44为韩国的电信公司海报招贴，根据科技感、现代化的产品属性，选择蓝色为主，根据可信赖的用户传达，选择饱和度较低的配色，从而增加用户的信任感，带动用户选择。

图4-44　科技感招贴

4.5.2　根据消费群体进行版面配色

消费者的年龄、性别、职业、文化程度、经济状况等因素都会影响其消费行为。而色彩是产品给消费者的第一印象，因此，在很大程度上对色彩的选择取决于产品所针对的消费群体，根据消费群体进行色彩设计，可以使产品更容易抓住消费者的心理，并促进其购买欲望。

如图4-45所示，这款啤酒的消费群体以喜爱新奇事物的年轻人为主，作为价格较低的高消耗非必需产品，使用高饱和度的色彩可以促进消费者的购买欲望，且立体的充满动感的造型非常有活力，可以传达给消费者一种新奇、有活力的感受。

图 4-45　啤酒招贴

4.5.3　根据产品属性进行版面配色

　　产品的配色作为吸引消费者视线的第一视觉元素，可以起到展现品牌形象和产品质量的双重作用，成为有效的促销手段。通过与众不同的配色来激发消费者的购买欲望是良好的促销办法。然而不同的产品有其各自的特点，如果一味地追求视觉冲击而忽略产品自身的特征，则会造成配色与产品属性完全不符的结果，引起消费者的误解甚至反感，进而对产品的销售产生负面的影响。因此，把握目标产品的属性特征是配色的关键。

　　如图 4-46 所示，这是一款洁厕灵招贴，希望传递给用户这是一款高品质的、清洁度高的，而非低价促销的日用品。所以选择象征稳重、干净的蓝色作为招贴整体色彩，强化洁厕灵在消费者心中的清洁能力。

图 4-46　洁厕灵招贴

第5章 版式设计中的文字

本章概述：

本章主要讲解版式设计中的文字排版基础知识、文字编排方法、文字编排的设计原则等内容。

教学目标：

通过对本章内容的学习，让读者初步掌握字体编排的基础知识，能够运用编排方法与设计原则营造良好的阅读氛围。

本章要点：

版式设计中对字体种类的选择、字号大小的设置、字距和行距疏密的编排都是字体表现形式的主要组成部分。

ALL   WEB DESIGN   LOGO DESIGN   ILLUSTRATION   PHOTOGRAPHY   VIDEO

在版式设计中，文字是其中的一大核心点，很多人在排版中更多地注重形式感，而不太关注文字的编排，最后导致版式凌乱。文字在版面设计中占有至关重要的地位，不单能传达信息，更体现了艺术美。文字的编排不仅要充分考虑到文字的视觉冲击力度，还要形成秩序和平衡的感觉。下面重点阐述版式设计中文字的知识及要点。

5.1 文字排版基础知识

设计师在对文字进行排版时，会对其字体、字号、间距等做出调整，以达到不同的效果。优秀的版式设计不仅能传递准确的信息，还能够吸引眼球，简单的几行或者几个文字，通过设计，就会有多种不同形式的编排。这就是版式设计的魅力！文字排版更多的是对设计师基础能力的考验，因此掌握文字排版的基础知识是做好排版的第一步。

5.1.1 关于字体

目前版式设计中经常使用的字体为中文和英文，字形不同，其文字的间距、大小及给人的感觉也不同。字体的协调组合可以有效地向读者传递各种信息，反之则会产生视觉的混乱与无序。中英文的混合编排更加注重协调性，主要有以下考虑。

1. 字体类型

无论中文还是英文，字体的类型可分为两大类，一种是衬线体，另一种则是非衬线体。衬线体就是笔画边缘转折处有装饰部分，如图 5-1 所示。设计衬线体的初衷是为了更清楚地标明笔触的末端，提高辨识率，提高人们的阅读速度。另外，使用衬线体会让人感觉更加正统，所以衬线体比较常用。

图 5-1　衬线体

非衬线体就是笔画转折处没有装饰结构，如图 5-2 所示。在网页设计中，非衬线体使用得相对比较多，这是由于计算机的分辨率与书籍不同，较小的衬线体在计算机上很难识别。

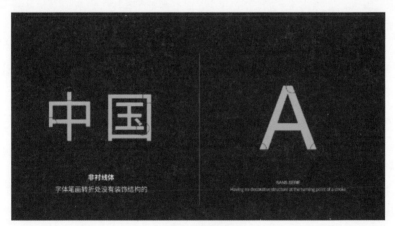

图 5-2　非衬线体

2. 字重

字重是指字体的粗细程度。越粗的字体，字重越大，一种字体的字重通常有 4~6 个，其中 Regular(常规) 与 Bold(粗体) 几乎是必备的。字重的划分根据不同字体厂商各有不同，不同的字重名称也不一样，常见的划分如图 5-3 所示。另外还有 Condensed(窄体)、Expanded(宽体)、Italic(斜体)、Slanted(仿斜体)。在使用场景中，如果设计师需要强调某些内容（如标题）时，一般会用粗体；在正文中，一般会用常规或标准字体。英文也类似，这些字重是为了突出文字使用的。

字重的对比也就是文字的大小和粗细对比。设计师可以把标题等重要的信息放大，也可以把重要信息处理成较为突出的视觉图形。

中文名称	英文	其他名称	
特粗	Black		
极粗	Heavy	Extra-bold	
粗	Bold		
中粗	Semi-bold	Demi-bold	
中等	Medium		
常规	Regular	Normal	Roman
展示	Display		
中细	Semi-light	Demi-light	
细	Light		
极细	Thin		
特细	Ultra-Light	Extra-Light	

图 5-3　字重分类

5.1.2　字体的选择

文字在所有的视觉媒体中都是非常重要的表现因素，文字的排列组合直接影响到版面的视觉效果。选择合适的字体，能够满足版面设计及主题风格定位的需求。

1. 字体的风格

字体是指文字的风格款式，或者是文字的图形表达方式。设计师可根据不同的版式需求选择合适的字体，关键在于要与文字内容相协调。

中文字体分为书写体、印刷体、手绘美术字体三大类。在现代设计中应用较为广泛的是宋体、仿宋体、黑体和楷体。它们清晰易读、美观大方，为大众所喜爱。对于版面中的标题或一些特定位置，为了达到醒目的效果，常常使用综艺体、圆体、手绘美术字等特殊字体。

需要注意的问题是，不是使用的字体越多，画面就越丰富，一般在一个版面上最多使用两三种字体，多了会显得混乱。

如图 5-4 所示，该版式既有图片，又有文字，且文字字数不少，为了使内容具有可读性，正文使用的是常规字体，而标题使用的是大字号粗黑的非衬线体，整个版面层次清晰、整洁。

1) 使用书法字体表现古朴风格

关于文字的字体，除了标题及特殊字体，我们可能很难去注意正文文字有何不同。其实，每种文字都有其特殊的"气质"，会引发直接的心理效应。不同的字体会唤起不同的联想、感受，如宋体端正、庄重；黑体粗犷、厚重、男性化；楷体自然、生动、活泼；隶书古雅、飘逸；圆体圆润、时尚……针对字体这种信息传递功能，设计师要根据不同的出版物、稿件、版面的要求来选择恰当的字体，这对版面设计具有十分重要的意义。

图 5-4　杂志排版

如图 5-5 是电影《哪吒》的海报设计，因为讲述的是中国神话传说故事，所以主标题采用了书法字体。书法字体并非笔力遒劲，而是稚拙中带着锋芒，与电影主题内容相符合。

2）使用手写字体表现随性、有趣味的风格

手写字体模拟人们在纸上手写的 字体效果，通常手写的文字不可能非常规整，会给人一种自由、随意、亲切、贴近生活的感受，通常用在一些时尚、个性化和有趣的版面中，不适合用于大篇幅的正文内容。

图 5-6 是一幅关于工厂万圣节的海报，整个版面主标题使用手写字体，相较于印刷字体会更有张力，符合这张海报的主题氛围，以手写文字作图，形式感很强。

图 5-5　电影海报设计（作者：张浩）

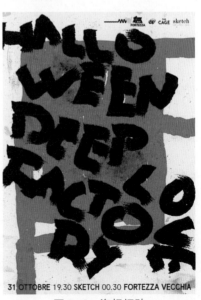

图 5-6　海报招贴

图 5-7 中的招贴图形及文字几乎全是手写样式，这样的排版看似无规则，但是却有别于普通版式，会更加吸引人，富有趣味性。

3) 常规字体用于内容较多的版面

一旦改变字体，版面的整体风格就会跟着改变。总是使用同样的字体会使版面显得很无聊，但是特殊的字体也不适合用在内容较多的版面中。因此，必须配合媒体类型、页面主体及设计风格来选择字体。如果是内容较多的版面，为了使正文部分具有良好的可读性，通常使用宋体、黑体等常规字体，而标题可以使用特殊字体进行表现。

报纸可以说是所有版式中文字最多的。如图 5-8 所示，在该版式设计中，除了大标题是醒目的，这张报纸还有一个醒目的主色，用来作为标题、正文内容的颜色或者文字背景色，并用色块和图片分割内容，这样版面规整、不花哨，给人一种视觉效果统一的印象，且正文内容具有良好的可读性。

图 5-7　招贴设计　　　　　　　　　　　　　　图 5-8　报纸版式

2. 应用字体样式

如果想要设计出严肃、庄严的版式，需要选择较为规整的字体；如果想要设计出有个性的版式，则可以选择较为独特随意的字体；如果是卡通版式，那么圆润可爱的字体最为适合；而如果是欧式风情的版式，则通常会使用带有曲线的字体。

如图 5-9 所示，该海报的文字选用非衬线字体，笔画较粗，较为醒目，整个版面给人端正的感觉。

如图 5-10 所示，该海报使用非衬线字体，并将单词拆开，与版面的图形互动，字体的形状、位置也自由排列，给人一种随性的感觉。

图 5-9　海报设计 1

图 5-10　海报设计 2

图 5-11 是伦敦儿童博物馆的海报设计，因为针对的人群是儿童，所以字体选择比较可爱的圆幼体。

图 5-12 为《寄生虫》国外版电影海报设计，影片名 PARASITE 是将衬线字体嫁接到了无衬线的 Gotham 粗体字上组合而成的。这两种字体的结合就是对电影主题的巧妙隐喻，贴合电影主题内容。

图 5-11　伦敦儿童博物馆海报设计

图 5-12　《寄生虫》电影海报设计

5.1.3　文字的字号与距离

字体的搭配是具有规则的，编排字体的主要目的在于传递信息的同时能确保画面的协调性。

在对不同字体进行搭配时，应力求协调性与阅读的流畅性。

1. 印刷文字字体大小的规定

目前的字体大小常用号数制、点数制、级数制进行衡量。

号数制是将汉字大小定位为七个等级，按一、二、三、四、五、六、七排列，在字号等级之间又增加了一些字号，并取名为小几号字，如小四号、小五号等。号数越高，字越小，使用起来简单方便。使用时不需要考虑字体的实际尺寸，只需指定字号即可。但是因为字体大小之间没有统一的倍数关系，所以换算起来并不方便。尽管如此，号数制仍是目前表示字形规格最常用的方法。

点数从英文 point 翻译而来，也叫作磅值，通过计算字体外形的点值来作为衡量的标准。点也称为磅 (pt)，每点等于 0.35mm。

级数制是根据手动照排机上的镜头齿轮来控制字形大小的，每移动一个齿为一级，并规定一级等于 0.25mm，1mm 等于四级。对于级数制有国家标准，即 GB3959-83，图 5-13 为常用的字号大小及用途。

号数	点数	级数	尺寸/mm	主要用途
初号	42	59	14.82	标题
小初	36	50	12.7	标题
一号	26	38	9.17	标题
小一	24	34	8.47	标题
二号	22	28	7.76	标题
小二	18	24	6.35	标题
三号	16	22	5.64	标题、正文内容
小三	15	21	5.29	标题、正文内容
四号	14	20	4.94	标题、正文内容
小四	12	18	4.23	标题、正文内容
五号	10.5	15	3.70	书刊报纸正文

图 5-13　字号大小及用途

2. 结合字体设定字体大小与字距

字体的大小决定着版面的层次关系，字距是指字与字之间的距离，字体面积越小，字距就越小；字体面积越大，字距就越大。如果字体较小且较粗，那就应该适当增加字距以方便阅读。即便使用同样的字体，不同的字体大小及间距也是有所差别的。例如，较粗的字体即使字体不是很大，也能引起读者的注意，仅增加字距也能增强文字的注意度。因此，字体大小与字距的选择需要结合字体特点来考虑。

1) 相同字体不同粗细

如图 5-14 所示，该杂志左右两栏都有大段文字，左上角的大标题与旁边的文字形成对比，右侧各段文字前都有加粗的小标题，相同的字体只是改变了字体的粗细，整个版面的层次就发生了变化。

2) 不同字体不同行距

如图 5-15 的报纸版式中，在中间位置的插画人物形象和上边的大字标题形成中心对称的版面布局。对于报纸这类大篇幅文字的编排，采用两种不同行距的字体，能够增强版面的可读性。

图 5–14　杂志设计

图 5–15　报纸版式设计

3. 结合信息内容设定行距

　　行距是指每两行文字之间的距离，行距的大小取决于文字内容的主要用途。如果文字的行距适当，则行与行之间的文字识别性较高；如果行距过小，则行与行之间的连接较紧密，但是可读性会相对较弱。一般情况下，标题的行距为标题的高度即可；目录的行距一般为文字高度的 2~3 倍，这样的层级分类比较清晰；正文的行距需要保持全文统一；介绍文字的行距则要根据具体内容而定。

文字行距的巧妙留白，能够有效地突出版面的主题，使版面的布局清晰而有条理，疏密有致。

英文的行距一般是字体大小的 1 倍以上，中文的行距通常为字体大小的 1~1.5 倍。其中，艺术类书刊可能达到 2 倍，常常使用较小的字体和较大的行距。为了产生个性鲜明的效果，字距甚至会达到字体大小的 2 倍以上。

如图 5-16 所示，根据信息层级的不同，对文字的字号和行距分别进行设置，层级越高，行距越宽。同时对文字的粗细进行区分，以丰富版面层次。

图 5-16　杂志版面 1

4. 根据段落调整段距

段距是指段与段之间的距离，包括与前段间距和与后段间距。段距可以让读者明确地看出一段文字的结束与另一段文字的开始，合适的段距能够缓解阅读整篇文章所产生的疲劳，一般的段距应该比行距更大一些。

如图 5-17 所示，该版面段落文字的大小和间距都不同，可根据文字段落调整段距，右边段落文字错落排列，符合阅读顺序。

图 5-17　杂志版面 2

5.1.4　文字的断句

在段落文本中，了解文字所表达的内容，并根据其意思进行断句，这是在版式设计中非常重要的步骤，合理的断句便于读者阅读，不合理的断句会扰乱读者的思绪。

1. 根据语义进行断句

在对文字进行排版的时候，需要根据语义对文字进行断句，断句的方式不一样所传达的意思也会不同。

如图 5-18 所示，该海报设计的标题"存在 / 与不存在的 / 我"，不同的排列意思会有一些差别。例如"存在与 / 不存在的我"，这与原本意义有些不同。

2. 根据标点符号进行断句

在对文字进行排版的时候，根据标点符号进行断句，从而确定什么时候将文字进行换行，让读者能够很清楚地了解每一行文字所表达的意思，了解标点符号的用法在进行段落安排的时候也是很重要的。

如图 5-19 的包装封面中，全篇文字采用古代竖排书写方式，读者需要根据标点符号或句意进行每列的断句。

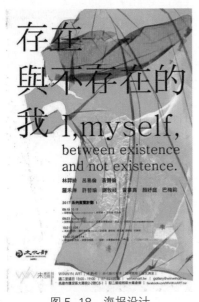

图 5-18　海报设计

图 5-19　包装封面

3. 通过改变颜色进行断句

当理解了文字的主要内容之后，就可以在此基础上通过设计的语言对内容进行提炼。改变文字的底色或者直接改变文字的颜色就是其中一种方法，以颜色提炼出想要表达的内容，并使该内容具有一定的逻辑。

如图 5-20 所示，该版面右侧满版面的文字信息，为了便于阅读，分为两栏，并对段落文字进行底色填充，有了重点划分，使版面层次更加清晰，方便读者理解。

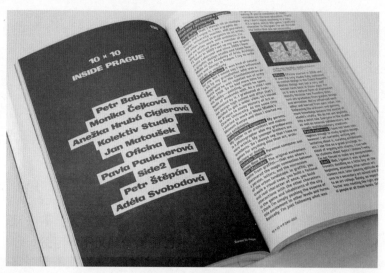

图 5-20　书籍设计

4. 通过字体字号进行断句

通过字体字号对文本进行断句也是一个很好的方法，根据字体字号的大小对文字进行断句，这样不仅能够很好地帮助读者传达画面内容，也能在一定程度上增强版式的层次。

如图 5-21 所示，该版面左侧是大段文字，各段落之间改变了文字的字形或字重，以区分各个段落。

图 5-21　杂志版式

5.1.5　文字的跳跃率

在人们接触的大部分刊物设计中，其版式内容主要包括标题、正文、引文、说明标题和编注等，这些要素都被配以不同的字号与字体。版面中最小字和最大字大小的比率叫作文字的跳跃率。比率越大，跳跃率越高。

文字的跳跃率有高低之分，较高的文字跳跃率可以吸引人的注意力。降低跳跃率给人沉稳、高品质、历史感的印象；提高跳跃率给人健康、有活力的印象。设计师可以通过对文字进行特殊化处理来改变版式中文字的跳跃率，如改变文字大小、加强标题文字的设计感或采用耗散的文字形式等。

如图 5-22 所示，该海报设计的文字跳跃率是较低的，标题和正文的字体对比小，整体不活跃，比较平淡，但是很有格调和品质感，显得就安静且典雅一些。

如图 5-23 所示，该海报设计的文字跳跃率是较高的，标题和正文的字体对比大，文字跳跃率较高的版面会更加引人注目，亲和力更强。

图 5-22 海报版式 1

图 5-23 海报版式 2

1. 运用文字的耗散性增强跳跃率

文字的耗散性主要体现在编排设计上，首先人们要以非理性的态度来看待文字的编排设计，接着在排列过程中加入一些无秩序的表现方式，使版面整体呈现出无重心、无主次的极端视觉效果，以版面的主题需求为基准，做到"形散而意不散"。

文字的耗散性排列在结构上呈现出相互矛盾与排斥的形态，可以利用这种无序的排列方式增添版面的活跃感，从而提升文字间的对比性，使文字的跳跃率得到大大提升。

如图 5-24 所示，通过错乱的排列方式来构成文字的耗散性，同时给人深刻的印象。在黑白灰的色调中，可以用大字号的粗黑字体来突出个性。

2. 运用大号字体增强跳跃率

低跳跃率的版式有时也给人平庸、缺乏活力的感受。为了避免在设计中出现这种低跳跃率的版式效果，可以通过改变版面中的文字大小来增强画面的生动性，在提高版面整体跳跃率的同时，也使观赏者在阅读后对作品留下深刻的印象。

在文字的编排设计中，设计师可以通过放大文字来提升版面的跳跃率，从而赋予画面活力。但不能盲目地放大版面中的任意一段文字，要想准确地提高文字的跳跃率，通常会选择一些具有重要意义的文字进行放大处理，如引言、标语等。

如图 5-25 所示，该版面中主图将整个版面进行划分，增加了整体的秩序感。使用大字号的标题文字，增强了文字间的跳跃率。

图 5-24　海报设计 1

图 5-25　海报设计 2

3. 运用标题文字的创意性增强跳跃率

标题是标明版式内容的精简语句，对于版面来讲，标题担当着宣传的作用。在版式设计中，对标题文字施以大胆的设计，通过对该字体进行大幅度的改造，可以提升文字的视觉形象，同时打破呆板的版式格局，从而带给观赏者以强跳跃率的视觉印象。

为了通过标题文字提升版面整体的跳跃率，可以为该字体融入特殊的材质，以提高标题文字在版面中的创意感。常见的方式有对标题文字进行加粗处理，或对标题文字进行另类化的编排组合等。

如图 5-26 的海报版式设计中，红色文字以竖幅形式看是中文的"囍"字，以横幅形式看是英文的 Hong Kong，中英文相互融合，充满了整个版面，黑色图形和红色文字的反差，以及红字大字体和黑色小字体的反差，都增强了版式在视觉上的跳跃性和冲击力。

在版式设计中，标题文字的创意性不仅体现在字体材质的选择上，同时还可以通过图文组合的设计手法来实现这一效果。而图文组合的实际做法是将标题中某个文字的结构进行拆分。与此同时，将与文字含义有关联的图形元素和拆分后的结构进行互换，通过图文结合的表现方式使标题文字的视觉形象得到突出，并进一步提高版面中文字的跳跃率。

如图 5-27 所示，该版式将标题的字母拆开，并进行艺术化处理，在视觉上增强了版式中的跳跃性。

在版式的文字编排中，可以对标题字体进行特殊的处理，如勾边、放大或配以鲜亮的色彩等，使标题文字在形态或结构上与版面中其他类型的文字有所区别。同时还可以利用文字间的差异性来打破常规的版式格局，以提高文字的跳跃率。

图 5-26　海报设计 3

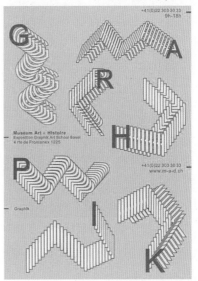

图 5-27　海报设计 4

5.2　文字的编排方法

在设计中包括色彩、图形、文字等多项复杂的要素，当这些要素表达含义比较模糊的时候，文字就起到了重要的信息传达作用。但是文字并非客观的传达，而是要表现出情感。

文字作为版式设计中必不可少的重要元素之一，不同的字体、字号大小和编排方式等都直接影响着版面的易读性和最终效果。

5.2.1　标题的编排

标题字的位置不一定千篇一律地置于段首，可进行居中、横向、竖向或边置等编排处理，有的可直接插入字群中，以求新颖的版式来打破原有的规律。

1. 横竖编排组合

标题组合的编排一般都会使用基本的编排方式：横编排、竖编排或横竖编排。这是比较容易掌握，也是使用较为广泛的方式，给人一种严谨、正规的感觉。而横竖编排都会遵从对齐原则，如左对齐、右对齐、居中对齐、两端强制对齐。

如图 5-28 所示，该版式中图片置底，图片主要内容在右侧，文字左对齐放置在左侧，版面清晰。

如图 5-29 所示，该版式中标题文字竖排放置在左侧，其余文字的排列各不相同，横竖都有，用文字排列成图形，版式形式很新颖。

图 5-28　海报设计 5

图 5-29　海报设计 6

如图 5-30 所示，该版式是较常见的，标题居中放置在顶部，下边放图，给人稳定、和谐的感觉。

2. 线框编排组合

如果觉得单纯的横竖编排过于单调，不妨添加一些线框。在文字中插入线（线框）或其他图形元素，使整个标题变化更丰富。在使用中需要注意线（线框）的粗细和长度，考虑它们与信息间起到什么作用，而并非随意添加。

如图 5-31 所示，该版式将画面用线框分割成不同的块，放置图形和文字，使整个版面稳重又不呆板。

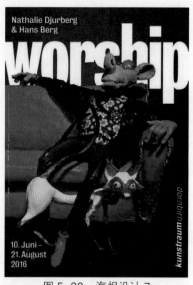

图 5-30　海报设计 7

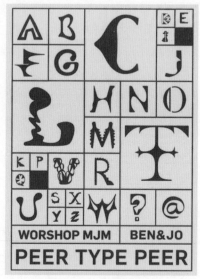

图 5-31　海报设计 8

3. 错位编排组合

除了正常的横竖组合编排，简单的错位组合也是不可缺少的编排方式，其具有较强的编排创造性，能表现出文字间的节奏感。

如图 5-32 所示，该版式中将标题字母拆开，与图形进行融合，打破单调的排列，使画面生动、有趣。

4. 方向编排组合

文字的方向编排是指将文字整体或局部排列成倾斜状态，构成非对称的画面形式，使版面具有动感和节奏感，富有强烈的视觉效果。

如图 5-33 所示，该版式中圆形色块平衡放置在画面中，文字 45°倾斜，能够活跃版面，打破常规。

图 5-32　海报设计 9

图 5-33　海报设计 10

5. 图形穿插编排组合

巧妙地将文字与主图穿插在一起，整体达到图文并茂的版面效果，提高画面的趣味性，并能同时传达图文两种信息。而这种做法的难度比较高，很考验设计师的设计功底。

如图 5-34 所示，该版式中文字与图形的穿插，给人眼前一亮的感觉，这样的版式需要精选图片，才能达到出其不意的效果。

5.2.2　段落文字的编排

段落文字的栏宽可以根据图片的内容进行调整，如果版面中的多张图片尺寸统一，那么可以将段落文字的栏宽与图片宽度统一起来，形成规范的视觉效果。

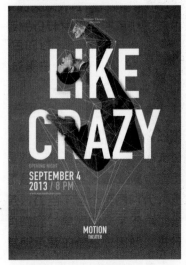

图 5-34　海报设计 11

如图 5-35 的版式中，由图片组合排列拼成了整齐的格子块，图片尺寸相同，文字以图片尺寸为界限对齐排列，给人统一、稳定的感觉。

1. 创建富有条理的多栏文字排版

对正文内容进行编排时，首先需要根据具体版面来划分栏，通栏是最正规的版式，多用于 32 开书籍。16 开、8 开及面积大、字数多、内容杂的报纸、杂志等，可以使用双栏、三栏、四栏等排版方式，这样可以使版面的条理更加清晰，并且版面富于空间弹性变化。

如图 5-36 所示，该杂志版面有大量文字，将文字进行多段落分割，右侧段落间错开排列，段落的排列形式也非常丰富。段落间又穿插不同的字体样式及大小，让画面更加有层次，版面也整洁大方。

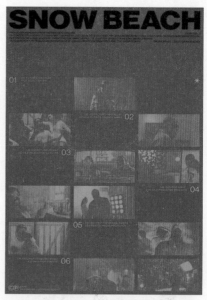

图 5-35 海报设计 12

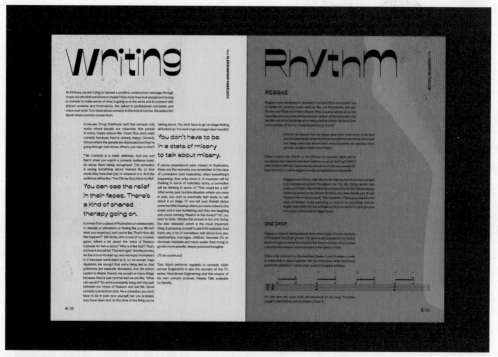

图 5-36 杂志设计

2. 创建自由轻松的内容表现形式

对文本内容进行分栏的目的是方便读者的阅读，但有时正文内容也可以突破传统的分栏方法，以倾斜或其他自由组合的方式来安排，从而更轻松自如地传递信息，这样的版面能够给人留下深刻的印象。

如图 5-37 所示，该海报版面以倾斜的方式对图片和文字进行排版，突破常规，给人活泼、个性的感觉，文字的跳跃率较高，内容的可读性良好且层次清楚。

3. 不同的版式风格应用不同的文字排列方式

每一种版式都有明显的风格特征，文字的排列会受到版式风格的影响。例如中式风格的版面古典元素较多，因此竖向排列较多；西式风格的版面字体较多，因此左右对齐、居中对齐较多。

如图 5-38 所示，该海报中既有中文也有英文，中文排版中以竖版为主，英文则是横版靠右，根据字体的性质采用不同的版式，让整个版面既规整又富于变化。

图 5-37　海报设计 1

图 5-38　海报设计 2

5.2.3　文字的图形化编排

文字图形化，可以理解为文字的象形化，指将文字进行拆解重构，也可以将字的形式弱化，处理成视觉图形，融合到整个版面设计中。汉字文化博大精深，我们可以突破一些条框，根据对词义的理解，对文字进行创作，做出一些形象生动有趣，且能烘托版面氛围的图形化。

文字越是图形化，越是难以当作"文字"来阅读。尽管用在 Logo 和形象广告宣传中没什么问题，但是商品名称或正文需要的是易读的文字，因此不适合使用。

如图 5-39 所示，该版式将海报标题与图形相结合，加以图形辅助，能够更好地传递出主题内涵，也丰富了版式。

如图 5-40 所示，该版式将文字进行拆解重构，也可以将文字形式弱化，处理成视觉图形，融合到整个版面设计中。

图 5-39 海报设计 3

图 5-40 张杰油画展海报设计

图 5-41 海报设计

5.2.4 中英文字体的混合编排

在版式设计中，中英文字体混合使用的情况十分常见。中文字体的方正、稳重的视觉形态和英文字体的简洁、灵动的特征相结合，展现出两种字体的优势。编排时注意中文字体与英文字体之间的主次关系，做到层次明确，且还要注意字体的统一性。如果字体变化太多，很容易造成版面的混乱。

如图 5-41 所示，该版式内容中英文混排，以中文为主，主标题使用中文，并辅以英文，使画面更加有层次。

5.3 文字编排的设计原则

设计师学习文字编排的设计原则，能进一步提高文字信息的可读性，并增强版面的宣传效果。在版式设计中，文字是版面进行信息传播的主要工具，通过文字阐述能够帮助观赏者理解画面的主题。除此之外，文字的编排样式还会影响画面整体的视觉氛围，合理的文字编排能够增强画面的可读性和美观性。因此为了设计出更好的版式，应当遵循以下四项基本原则。

 5.3.1 文字编排的准确性

版式中的文字设计，其准确性主要表现在两个方面，一是字面意义与中心主题的吻合，只有当阐述的内容与主题吻合时才能达到传播信息的目的；二是文字排列与版面整体的风格要搭调，简单来讲，就是文字的编排设计要迎合版面中的图形及配色。

图 5-42 中的这张海报主题是"创意上海展"，作品以上海和布鲁塞尔这两个城市的地标建筑"东方明珠塔"和"原子塔"为主视觉形象，表达互联、发展、未来的主题。色彩五颜六色，而图形上的文字选择了白色，能够很好地衬托出文字信息。顶部的补充英文则选用了与图形一样的彩色，和主图呼应。因此，该版面的文字用色很准确，图片与文字都能很好地传达出展览主题及地点。

对于一幅平面设计作品来讲，文字主要起着说明主题信息的作用。读者也是通过文字来加深对该主题的印象的。因此，文字内容的准确性是进行文字编排时所必须遵守的一项基本原则。

图 5-43 为《愤怒的小鸟》电影海报，卡通的形象，受众主体也主要是儿童，故字体选择的是可爱的幼圆体，在字体上还加上了鸟儿羽毛的形状，准确的字体烘托了主题。

图 5-42 海报设计 (作者: 虞惠卿)

图 5-43 电影海报

在进行文字的编排设计时，为了使文字段落能准确地反映版面的主题思想，还应要求文字的编排样式与画面整体在设计风格上要有连贯性，通过遵守该编排原则，赋予版面和谐的视觉效果。

图 5-44 中的杂志色彩是粉色，所以杂志内页中会出现与主题相同的色彩，图片或字体在一个版面中突显出来，整体风格统一。

图 5-44　杂志设计

对文字排列进行设计与改造，同样能提高文字在版面中的识别性。在文字的编排设计中，将文字以独特的方式进行排列，以打破常规的版式布局，从而带给读者新颖感。

如图 5-45 所示，该版式将文字设计成波浪的形状，与周围的游泳圈、帆船等相呼应，经过设计的文字排列能够更准确地传达出信息。

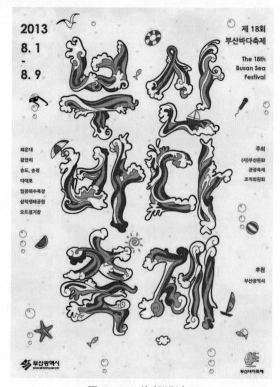

图 5-45　海报设计 1

5.3.2　文字编排的识别性

为了赋予文字强烈的识别性，设计师通常会根据版式主题的需要对文字本身及排列方式进行艺术化处理，利用这种手段来提升文字段落在版面中的视觉形象，从而吸引读者的视线，促使版面整体给读者留下深刻的印象。

通过对文字的结构与笔画进行艺术化处理，使文字表现出个性的视觉效果。常见的处理方法有拉伸文字的长度、将文字进行扭曲化表现等。在版式设计中，利用奇特的文字设计来冲击读者的视觉神经，从而提高文字与版面的辨识度。

如图 5-46 所示，设计师将文字进行了扭曲化处理，形成了风格独特的文字，暗色的图片背景烘托出纯色的文字，对比强烈，便于识别。

图 5-46　海报设计 2

◆◇ 5.3.3　文字编排的易读性

在文字的编排设计中，应确保字体结构的清晰度，以便读者在浏览时能轻易地识别版面中的文字信息。除了字体的形态外，能够影响文字易读性的因素主要有三个，即文字的字号、字间距和行间距。

1. 字号

字号越大，文字就会显得越大，文字的清晰度与易读性就会得到同步提高；相反，字号越小，文字就会显得越小，文字的辨识度与易读性也会相应降低。通常情况下，应根据版面的主题需要来决定文字的大小。

图 5-47 中的版式采用了较大的文字字号将整个版面填满，利用清晰的大字号增强了文字的易读性。

2. 字间距

字间距是指段落中单个文字之间的距离，通过控制该距离的大小，使画面表现出舒缓或紧凑的视觉格调。在文字的编排设计中，为了凸显文字的易读性，通常会在文字过多的版面中采用大比例的字间距，而在文字较少的版面中采用小比例的字间距。

图 5-48 是欧洲版《中国日报》的版式设计，图片大约占了版面 3/4 的面积，通过大图来吸引读者，标题文字的间距适当，正文文字的间距也是便于阅读的距离。

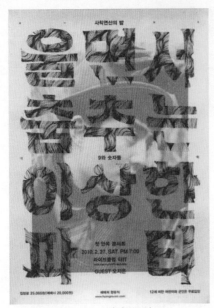

图 5-47　海报设计 3　　　　　　　　　图 5-48　欧洲版《中国日报》版式设计

3. 行间距

　　行间距是指版面中行与行之间的文字距离。行间距的宽窄是版式中较难操控的数值之一，这是因为当行间距过窄时，会使邻近的文字在布局上干扰对方，甚至影响主题的传达效果；当行间

图 5-49　海报设计 1

距过宽时，会造成文字行列间的距离感，并破坏文字段落的整体性。因此掌握行间距的设置规律，将有助于创作出更加优秀的版式作品。

　　图 5-49 中的版式以细线分割版面，将文字放置在左上和下部，文字间字形、大小、行距有一些不同，使画面更丰富。

5.3.4　文字编排的艺术性

　　所谓艺术性，是指在进行文字编排时，应将美化目标对象的样式作为设计原则。在版式设计中，可以通过夸张、比喻等表现手法来赋予单个字体或整段文字以艺术化的视觉效果，同时打破呆板的版式结构，以加深读者对画面信息的印象。

　　在版式的文字设计中，将个别文字进行艺术化处理，使版面局部的表现力得到加强，同时让读者感到眼前一亮，并对该段信息产生强烈的感知兴趣。通过这种表现手法，使局部文字的可读性得到巩固，从而进一步提高了整体信息的传播效率。

　　如图 5-50 中，将版式中央的字体的字形结构用图形替代，提升了版面的艺术性，同时与周围的常规字体对比，更加突出其个性，给人留下深刻的印象。

　　除此之外，还可以在段落的排列与组合上体现文字编排的艺术性。在实际的设计过程中，可以为编排加入一些具有意蕴美的元素，如具象化的图形元素、有传统韵味的象征性图形等。通过这些视觉元素的内在意义来提升文字编排的视觉深度，使版面整体流露出艺术化的氛围与气息。

如图 5-51 所示，该版式将文字与红酒瓶喷出的酒水的形态结合，迸溅的势态明确传达主题。主体红色调，给人喜悦、庆祝的氛围。

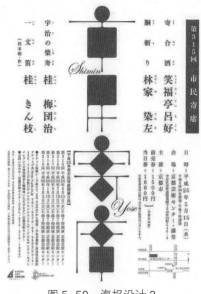

图 5-50　海报设计 2

图 5-51　海报设计 3

5.4　如何体现文字的视觉创意

个性化的设计不仅能增强文字整体的诉求能力，同时还使画面的注目度得到有效提高。在当今这个时代，文字已不仅仅是一种传播思想的工具，通过一番艺术加工后，还能使其具备视觉上的装饰性，同时提升版面的注目度。

让文字变得更具个性的方法有很多，例如文字的意象或表象化处理、图形化文字等。在进行文字的相关设计时需要注意的是，文字最终呈现出来的视觉效果要符合版面的主题需要。

5.4.1　创意图形化文字

人们将平时看到的事物进行具象化的总结与归纳，并结合自身主观的情感因素，将这些事物与字体结构组合在一起，以此构成文字的图形化效果。

1. 动物

在设计领域中，动物向来都是最具代表性的图形元素之一，关于它的创作早在远古时代就已经存在了。在文字的图形化设计中，常见的设计元素有马、老虎等。另外，还有一些虚构的动物被应用到文字的图形化设计中，例如凤凰、麒麟和龙等具有象征意义的虚拟元素。

如图 5-52 所示，以英文 ZEBRA 和斑马侧脸的图形进行排列，打造出具有象征性的图形化文字。

2. 人物

在文字的图形化设计中，人物元素也是常见的创作题材之一。对于设计师来讲，人物元素有着太强的可塑性，例如人物的五官、表情、手势和动作等，它们在视觉上都具有强烈的象征意义，因此以物元素为设计对象的图形化文字往往能将主题信息表述得形象且到位。

如图 5-53 所示，将大量字母以人物图形的样式进行排列，有疏密的对比，一次构成具有象征意义的人物图形化效果。

图 5-52　文字图形化

图 5-53　人物文字图形化

3. 工具

这里的工具通常是指生活中接触的一些用具，比如交通工具、修理工具等。由此可见，工具元素所涉及的范围是非常广的，在进行文字图形化设计的过程中，不同的器物所代表的含义也是存在差异性的，根据版面的主题要求来选择合理的器物图形，使画面传达出准确的信息。

图 5-54 是由大量文字拼贴而成的校车图形，在视觉上带给观赏者以新奇、独特的印象。主体用黄色的字体颜色，在汽车轮子上有条红色文字，醒目且点明主体，补充信息。

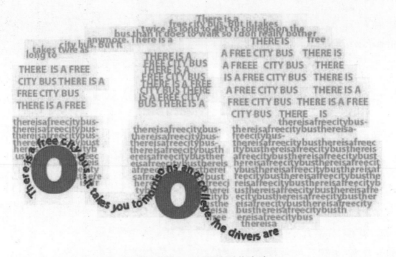

图 5-54　工具图形化文字

5.4.2　加强视觉印象的描边和粗字体

将文字的笔画或结构进行加粗处理，以此构成文字的粗体效果。通过将字体的轮廓加粗加大，赋予文字视觉上的厚重感，使该段文字在版面中显得非常突出。

粗体文字常被运用到平面设计中，例如刊物标题、海报宣传等，这些文字都是以概括的形式来表现主题信息的，因此对于设计对象来说，它们具有归纳与总结的作用，将这些文字的轮廓进行粗化处理，即可增强它们在版面中的注目度。

如图 5-55 所示，将版面中的正文字体进行阴影处理，造成双层字体的效果，从而突出其在版面中的视觉效果。

图 5-55　海报设计

5.4.3　书法文字的情怀

所谓传统，是指人们用来概括人类发展历程的一个定性词汇，它是与当代相对立的一个概念。文字发展至今已有了悠久的岁月，那些古老的文字样式都具有传统性，如毛笔字等。在版式设计中，通过这些传统的字体样式，使画面呈现出一种包含风俗与文化的艺术气息，从而带给观赏者一种心理上的共鸣感。

传统文字主要存在于一些历史悠久的国度里，这些文字在当时是一种记录语言的工具，而到了今天则成为时代的象征。在版式设计中，运用传统文字在文化上的代表性，可以拉近画面与观赏者之间的距离。

如图 5-56 所示，该电影海报中电影名称的字体使用了书法字体，其凌厉潇洒的感觉与主题氛围吻合，也增添了中式的感觉。

图 5-56　电影海报设计（作者：黄海）

5.4.4 装饰性字体的结构美感

装饰性文字是一种常见的艺术字体，它的表现形式主要有两种，一种是计算机绘制，另一种是手工绘制。在平面构成中，装饰字体不仅要有完美的外形，同时还应具备深刻的内涵与意义。

在字体设计中，文字的装饰化设计并没有明确的设计规章与要求，简单来讲，它只是一种单纯追求视觉美感的设计方式。需要注意的是，在进行该类字体的设计时不能太过盲目，应当结合主题需求及文字内容，使字体不仅具有绚丽的外观，同时还兼备一定的含义与深度。

如图 5-57 所示，该版式中以花木元素填充了字形，丰富了版面，给单调的版面增添了色彩，起到了很好的装饰性。

图 5-57　版式设计

5.4.5 抽象字体的个性与魅力

抽象是一种极具深度的设计思维，在过去，很多人都不理解抽象的艺术，但随着思维的不断进步，人们开始接受那些从前不被接受的抽象理念。因此，抽象化的字体设计也逐渐被运用到一些主流的设计领域中，从而增加了社会群众与抽象艺术的接触机会。

将抽象的概念与字体设计相结合，以此构建出一个极具个人主观思想性的艺术产物。由于文字的抽象形态在外观上已经远远超越了它本来的面目，尽管人们很难辨认出抽象字体的笔画与结构，但并不影响他们去感受字体由内散发出的个性与魅力。

如图 5-58 所示，将文字逐渐扭曲变形，打造出形式化的图形美效果，在文字中又隐藏着图形，独特的版式很吸引人们的目光。

图 5-58　海报设计

第6章 版式设计中的图像

本章概述：

图像能够直接、形象地传递信息。本章从不同类型的图像出发，指导如何运用图像的编排技巧来增加版面的视觉表现力。

教学目标：

通过对本章理论及相关案例的学习，让读者初步掌握不同类型图像的编排规则，以及如何运用设计手段来强化图像的情感特点，使图像更具感染力。

本章要点：

版式设计中图像的各种处理方式，如何运用主题、文字及设计方法来强化图像的视觉感染力。

ALL   WEB DESIGN   LOGO DESIGN   ILLUSTRATION   PHOTOGRAPHY   VIDEO

在版式设计中，图像作为画面中重要的元素起到了举足轻重的作用，选择一张好的图片会为画面增色许多。同样的版式布局，可能因为所选择的图片与版式风格不相符，也会破坏整体的视觉效果。接下来重点阐述版式设计中图像的知识及要点。

6.1 图版率

所谓图版率，是指版面图片与文字在面积上的比例。图版率的高低由版面中图片的实际面积所决定。通常情况下，会根据设计对象的需求来设定版面的图版率。

图版率是影响版面视觉效果的重要因素。设计师可以利用图版率来调节文字与图片的空间关系，通过不同的组合方式使画面表达出相应的主题情感。

随着生活节奏的不断加快，人们的阅读时间变得越来越少。因此在繁多的版式作品中，那些文字少、图版率高的作品往往能最先引起读者的阅读兴趣。然而，并不是所有的版式作品都以高图版率为设计目标，如那些以文字为主要表达对象的版面，其图版率就显得相对较低。

6.1.1 高图版率

所谓高图版率，是指版面中的图片占据了大部分面积，成为画面的主导元素。在高图版率的版面中，文字信息变得相对较少。而大幅的图片要素能在视觉上为人们呈现更多的内容与信息，

图 6-1　海报设计

并使其感受到一种阅读的活力。通过这种编排手法，能够有效地增强版面的传播效果。

　　如图 6-1 所示，该海报中图片占据版面的大部分面积，形成画面的主导元素，有效地增强了版面信息的传播能力。

6.1.2　低图版率

　　低图版率是指图片在版面中占据的面积相对较小，此时文字内容自然就变得丰富起来。在低图版率的版面中，读者将面对大量的文字信息，而此时图片在版面中起到的作用就是调节。通过少量的图片内容丰富版式的结构，从而避免过多的文字信息在视觉上给人们带来疲劳感。

　　如图 6-2 所示，该报纸右侧文字占据版面大部分面积，为了避免版面单调、枯燥，以几张图片来丰富版面，也不会让读者看到如此大段的文字而感到疲劳。

图 6-2　报纸版式

　　一般来说，版面中的图片数量越多，图版率也就越高。因为随着图片数量的增加，图片的占比也在增加。但是有一点需要注意，元素的数量并不是绝对的。要想提高图版率，在增加图片数量的基础上，其自身的面积也不能过小。哪怕版面中只有一张图片，只要面积足够大的话，图版率给人的感觉也会比哪些数量上占优势的版面要高。

　　如图 6-3 所示，该版面中图片数量很多，但是其图版率并不高，就是因为每一张图片所占的面积都很小。

　　当图版率为 0 时，观者可能会丧失阅读的兴趣，因为版面显得非常枯燥；当图版率为 40% 时，观者的阅读兴趣会随之上升，因为版面充满了生气，富有活力；当图版率为 100% 时，版面则会给

图 6-3　海报设计

观者带来强烈的视觉感受。由此可知，图版率高的版面，会给人活跃与热闹的印象，如图 6-4 所示。相反，图版率低的版面，则会给人一种非常安静与沉稳的印象，如图 6-5 所示。

图 6-4　高图版率版式

图 6-5　低图版率版式

◆◆◆ 6.1.3　提高图版率的方法

　　当然，也不是说图版率高，版面就一定会传达出活跃与热闹的氛围，如果图片属于安静、有格调类型的话，提高图版率只会放大图片自身的气质。这并不是说，图版率越高就越好，合理安排好版面的图版率，确保图版率在 30%~70%，可以有效地提高版面的视觉力度，给观者带来良好的视觉体验。

在版式编排中，图版率较高能够吸引大众的眼球，提高宣传效果。图片的像素不高，或是尺寸受限无法放大时，要怎样提高图版率呢？针对这个问题，有以下三种方法可以在视觉上提高图版率。

1. 填充底色

填充底色的做法非常简单。设计师选取一种与自身图片相契合，或是与图片中的主色系对比、互补的颜色进行填充即可。图6-6是通过填充底色来改善图版率给人低印象的海报设计。

2. 图形叠底

图形叠底是指根据自身主题的气质来选择一个合适的图形做叠底。设计师可通过图形叠底的方式来增加图片的面积占比，以提高图版率。它与填充底色不同，如果说填充底色是视觉上的提升，那图形叠底则更实际一些，如图6-7所示。

图6-6　填充底色　　　　　　　　　　　　　　　　　　图6-7　图形叠底

除了叠加图形以外，还可以叠加文字。因为文字也算是图形的一种了，而用来提高图版率的文字，会舍弃掉部分识别性，仅作为单纯的底纹来使用，如图6-8所示。

3. 重复图片

重复的技法则是复制多个图片，在版面中随机或秩序排列以提高图版率。重复图片的好处是既能突出主体又能活跃版面，如图6-9所示。

图 6-8　叠加文字

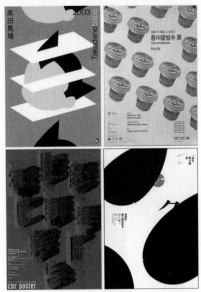
图 6-9　重复图片

6.2　图形

图形是平面版式设计中的重要元素，并承载着美化版面等诸多功能。图形语言所展示的表现力、创造力在平面版式设计中体现出独特的魅力，以及一目了然的视觉效果和时效传达性。构成平面版式设计的基本元素就是文字、图形和色彩，要处理好三要素的关系并进行完美结合后巧妙地组合、分配。平面版式设计中最直观的语言就是图形，也是平面版式设计中视觉注意力影响中最重要的元素之一。

6.2.1　插图

传统的插图是指插入文章之中，作为辅助文章的叙述，或是把文章所不能表达的东西给予视觉化的一种图画形式。演变至今，插图的作用已经不再仅是对正文内容起形象的补充说明或艺术欣赏作用，更进一步成为视觉信息传达的载体，即插图除了是一种丰富感官的视觉造型之外，还承载着对文字、对含义、对事件、对商品等概念的传达任务，在当下这个读图时代，直观而生动的插图表现手法让人难以拒绝，插图不仅使生硬的概念不再晦涩，单调的文字不再抽象，插图也使读者在潜移默化中轻松地接受了其所要传达之美，甚至其所承载的信息。因此，进行书籍的插图创作时，必须精确掌握文字的内涵，提炼书籍中最精彩、最核心的部分进行艺术加工，并且必须考虑其组织形式。

因为优良的插图设计不仅可以辅助文字说明的不足，也可以吸引读者的视觉，使其产生情感投入，进而触发教学艺术的实现，达到美感经验的境界。

如图 6-10 所示，在《白夜行》书籍的封面设计中图像是幅插图，虽然很简单，但是与书中的故事情节紧密联系，也能隐晦地表达出作者想要传达的深刻内涵，且与书籍名字相呼应。

如图 6-11 是《山海经》书籍中的插图，对于文字难以理解的部分，插图更加直观地展现在读者面前，对文字起到补充作用。

图 6-10　书籍封面插图

图 6-11　书籍插图

图 6-12　书籍版式

6.2.2　卡通漫画

卡通漫画是设计师最常使用的一种表现手法，它运用夸张、变形等表现手法将对象个性美的特点进行明显夸大，并凭借想象，充分放大事物的特征，造成新奇变幻的版面趣味，以此来加强画册版面的艺术感染力，加速信息传达的效果，特点是针对儿童类的画册。

图 6-12 的书籍版式中，因为受众是儿童，所以会有一些卡通漫画的任务形象做注解，对于儿童来说，会更加容易理解，也会比较有趣。

6.2.3　抽象图形

抽象图形以简洁、单纯而又鲜明的特征为主要特色，它运用几何形的点、线、面及圆形、方形、三角形等形状构成，是规律的概括与提炼。利用有限的形式语言所营造的画册图形空间意境，让读者产生丰富的联想。具体的表现方法有图形的平面化、图形的简化、图形的变形和夸张。

如图 6-13 所示，该版式采用抽象流体图形加上渐变色彩，呈现出未来、科技的视觉效果。

图 6-13　抽象图形

◆ 6.2.4　几何图形

版式中可以使用几何图形为主要视觉元素，将几何图形进行拼贴，颜色和不同叠加方式的变化，让每一幅画面都更加丰富，并且图案是利用抽象的方式表现每组主题的意义。

几何图形会给人抽象的印象，并且几何的图像高度概括，相对图案更加简洁、有趣。由于其简洁、抽象的印象，所以很适合表现概念化的风格。与图片相比，采用几何图形的画面更加有艺术表现力，更容易产生不易解读的未知美感。

图 6-14 是波兰复活节的海报，图中的几何图形像颗鸡蛋，也是复活节的代表元素，简单的图形会更加突出主题，极具代表性。

图 6-15 中的版式提取了水果的外形，鲜艳的色彩，如此简化的图形和亮丽的颜色十分吸引眼球。

图 6-14　海报设计 1

图 6-15　海报设计 2

◆ 6.3　如何选择合适的图片

根据版面主题筛选图片要素，利用相应的图片内容来表现具有针对性的视觉信息。

在日常生活中，人们周围遍布各式各样的图片信息，主要包括图形、图像等，这些视觉要素具有独特的表现能力，它们能将信息通过视觉渠道进行传播，并以非常直观的形式向人们阐述主题。

通过对图片类型进行选择，赋予文字乃至整个版面情感的表现力，并以此打动观赏者，使其产生共鸣。

6.3.1 区分图片的好坏

很多设计师认为版式中的图片只要随便搭配一下就行了，没有什么难度，其实图片的选择是有很多讲究的。毫不夸张地说，选择一张好的图片，版式设计就成功了一半。毕竟现在人们的注意力有限，大段文字很难抓住观众的眼球，而一张优秀的图片则会起到事半功倍的效果。

1. 清晰度高

清晰度无疑是选择图片时首先要考虑的因素，无论你设计的版式如何好看，如果图片像素低，效果也会大打折扣。因为作品大多是要印刷出来的，如果清晰度低，不仅会影响画面，更会拉低产品的档次，给读者留下不好的印象，所以平时应用素材的时候一定要满足最基本的清晰条件，如图6-16所示。

清晰　　　　　　　　　　　模糊　　　　　　　　　　低像素

图6-16　清晰度

"清晰"是指清晰度较好的图片，能够看清图片的细节内容；"模糊"是一种人为的图片处理效果，是一种设计表现手段；而"低像素"是由于图片分辨率过低导致的过渡像素不丰富，是最不提倡使用的图片形式。

在特意使用模糊效果图片的时候，很多人分辨不出模糊效果和低像素图片，其实区分它们最直观的方式是查看色块连接处有没有明显的色彩溢出，模糊图片色块衔接处的过渡效果均匀，没有溢出感，而低像素的图片在两个不同色系的连接处会有非常生硬的色彩溢出，如图6-17所示。

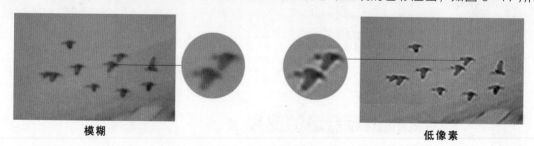

模糊　　　　　　　　　　　　　　　　　　　　　　低像素

图6-17　区分模糊和低像素

2. 主题突出

每一张图片都有它的表现主题和主体，不是主体的部分都应该虚化或暗淡下去。背景要干净，不能喧宾夺主，要避免什么都照下来，结果什么都没突出。有时候图片主题想要传达一种抽象的概念，可以是某种心情、情绪，也有可能是某种社会价值，比如公平、正义等。

如图 6-18 所示，摄影师阿米尔·本－多夫在以色列贝特西蒙斯拍摄的这张照片赢得鸟类摄影作品大奖，他称之为《三人行》：三只红脚隼站在同一个树枝上嬉戏。照片上就只有三只红脚隼和一个树枝，周围背景虚化，突出主体。

图 6-18　《三人行》摄影作品

3. 构图优美、新颖

一幅好图片，首先吸引人们目光的一定是它的构图。独特的拍摄角度、手法都会区别于一般图片，在众多信息中跳脱出来，引起人们的注意。好的构图不会沿袭别人的手法，而应该是有个性的、独特的。它所反映的主题应该突出，不呆板。

如图 6-19 所示，该图片采用了一个完整样式的角度，由房子组成的八角形的屋顶，构图新颖，给人耳目一新的感觉。

图 6-19　摄影作品

4. 色彩感强

在构图中运用色彩时，元素本身的颜色控制与作品的整体色调要相协调。对于彩色图片，应该色彩丰富、鲜艳、冷暖搭配得当；而黑白图片则应该对比明显、柔和。色彩本身自成不同的符号意义，有效色彩的配置可以强化整体视觉的醒目程度，可以区隔不同的元素，使之不会相互混淆。图片整体的色调决定影像的风格，复古的色调处理所引起的审美情绪自然与冷调的现实、未来感图片不同。

如图 6-20 所示，该杂志中图片选择的元素本身颜色就很鲜艳，为了和杂志的复古风格相融合，所以色调及明度上有所调和。

图 6-20　杂志图片

5. 光源运用恰当

逆光、侧光、顺光、顶光、底光、自然光、反射光等光源，如果运用得当，就能反映主体和整个画面的内容。一般来讲，一幅好图片，运用逆光和侧光比较多，除非是纪实性的新闻图片或艺术图片，顺光是很难出好效果的。

图 6-21 选自张全忠摄影作品《用心感受逆光光影的魅力》，利用黄昏时候的光源营造出一个宁静、祥和的氛围。

图 6-21　摄影作品

6. 层次丰富、分明

图片的层次其实可以理解为空间感或纵深感等，就是使图片具有空间感，本来图片是二维的，而图片有了层次就有了空间感和三维立体感。

如图 6-22 所示，摄影师巧妙地利用天然的礁石和水流，拍出了一根根汇聚线，将视线引导到远方的岩石和落日，又利用线性透视，表达出了三维空间感。

图 6-22　《万壑奔流》

◆ 6.3.2　根据内容选择合适的图片

选择清晰的图片，只是应用好配图的第一步，同时还要去考虑图片在画面中的位置、大小、角度等适合性的问题，配图比较常用的摆放形式有以下两种。

1. 中心摆放

中心摆放多适用于图形展示、产品展示、对称物展示等追求平衡性和规范性的画面中，体现稳重感。

如图 6-23 所示，该版式将主体物放在正中间，主体物竖版排列，文字横版排列，产生交叉的设计感。

2. 非中心摆放

非中心摆放常借助九宫格形式或三等分线来完成，将主要的元素集中到三等分线的交界处，让空间变得灵活，让画面不呆滞，又有一定的延展性。

如图 6-24 所示，该版式中将图片对角摆放，也能够很好地平衡画面，又不呆板。

图 6-23　海报设计 1

图 6-24　海报设计 2

◆◆ 6.3.3 根据图片数量选择版面排版

　　不同的图片数量能够营造出不同的版面氛围。图片数量少（甚至一张），它本身的内容质量就决定了人们对它的印象，这样的版面简洁、单纯、格调高雅；图片数量多，版面出现对比格局，显得丰富、活泼，有浏览余地，适合普及性、新闻性强的读物使用。图片如果过多，版面会缺乏重点，松散混乱。图片数量一定要根据版面内容来安排，不能随心所欲。

　　如图 6-25 所示，该版式运用了多种图片，每张图片大小不一，都是美术作品，与海报主题相呼应，给人一种活跃、热闹的感觉。

1. 少量图片营造大气的氛围

　　版面中图片数量的多少直接影响版式的效果，也影响读者的阅读兴趣。一般来说，使用较少的图片，甚至只用一张图片，可以有效突出该图片的意境，使整个版面表现得非常简洁、直观。

　　如图 6-26 所示，整个版面只有一张图片，搭配少量的文字，整体简洁，给人一种大气、雅致的感觉。

图 6-25　海报设计 3

图 6-26　海报设计 4

2. 图片数量较多给人活跃的感觉

　　通常情况下，图片数量较多的版面更能够引起读者的兴趣。如果一个版面中没有图片而全是文字，会显得非常枯燥无味，很难让人仔细阅读下去。但设计师也不能单单为了吸引读者而大量使用图片，还是应该根据具体的版面需求决定图片的数量。

　　图 6-27 中的版式使用了多张图片，且图片的大小相同，带有底色的版面会让整个画面显得更加丰富、热闹。

3. 利用三角形构图呈现稳定感

　　版面中多张图片的尺寸相同会让人觉得缺乏重点，看起来比较松散。因此一般都会放置不同尺寸的图片，从而强调各元素的不同比重，并且通过图片的位置自然创造出左右两页的视觉顺序。利用三角形构图不仅替版面创造出阅读顺序，同时也决定了版面重心的位置。

如图 6-28 所示，该版式左侧是一张大图，右侧是两张小图，呈现出一个三角形构图，具有稳定感，且丰富了版面。

图 6-27 多图版式

图 6-28 杂志内页

6.3.4 选择合适的图片增强版面统一性

图片的应用一定要有明确的统一性，尤其是多个图片排列摆放的时候，图片搭配得不统一，会让整个画面感觉非常随意，没有美感。

1. 角度统一

如果有半数以上配图的角度是统一的，就尽量让其他配图也统一角度。

图 6-29 是和路雪的系列海报，系列作品最好考虑统一性，三款雪糕虽然款式不同，但是所选择的角度很统一，这也就增加了系列海报版面的统一性。

图 6-29 和路雪系列海报设计

2. 大小与高低统一

在同一主体的多种展示或带有明显视线的图片中，设计师可以使用两条参考线来约束两个所有配图都共有的位置，比如人物的眼睛部分和嘴巴部分分别在一条线上。

如图 6-30 所示，该版式人物拍摄角度相同，视线也都在统一水平线上。选择这样相似的图片，会增强版面的整体统一性。

3. 颜色统一

　　如果应用的配图颜色有太大的差异，要尽量把色调统一，如果不是很好统一，就都变为黑白或者单色应用。

　　如图 6-31 所示，该版式中由多张图片组成，这些图片采用了黑白单色，这样单色图片上黄色的字体更加凸显。

图 6-30　海报设计 1

图 6-31　海报设计 2

6.4　图片的处理

图 6-32　海报设计 3

　　作为版面设计中的重要元素之一，图片比文字更能吸引读者的注意力，不但能直接、形象地传递信息，还能使读者从中获得美的感受，通过图片要素能使读者更易理解画面中的主题信息。

　　图片是版式设计中最基本的构成要素之一，在视觉表达上具有直观性与针对性。在版式设计中，可以通过对图片进行位置、占据面积、数量与形式等方面的调控，来改变版式的格局与结构，并最终使画面呈现出理想的视觉效果。

　　如图 6-32 所示，该版式中的图片和文字做了透视处理，与立方体图形相贴合。左侧的立体透视与右侧的平面字体形成对比，为版面增强空间感和设计感。

6.4.1　图片的大小、方向与位置

图片的大小、方向及位置将直接影响信息传递的先后顺序，这也是图片分类的一个标准。设计师可以根据突破的功能及内容来确定图片的大小及编排位置，以有效地传递信息。

1. 图片面积大小

在版式设计中，将不同规格的图片要素组合在一起，利用图片间面积上的对比关系来丰富版式的布局结构，可提升或削弱图片要素的表现力，并使版面表现出不同的视觉效果。

在版式的编排设计中，缩小图片在面积比例上的差异程度，可以打造出充满均衡感的版式空间，可以运用均等的图片面积来帮助版面营造平衡的视觉氛围。与此同时，凭借这些图片在面积上的微妙变化来打破规整的版式结构，使画面显得更具活力。

如图 6-33 所示，该版式将版面分成面积大小相差不多的十二等份，利用图片的分布来划分版面，让整个版面既规整又不呆板。

将版面中的图片设定为同等大小，可以利用相等的图片面积来提升版式结构的规整感。该类编排手法的主要特征为严谨的排列结构与规整的版面布局，因此通常被用在那些极具正式性的时事报刊中。

如图 6-34 所示，将版面右侧的半圆环分成四份，放置图片，作为版面的重心，吸引了读者的视线。若干相关系列的图片和信息以相同的尺寸及编排方式分布在左下角，使整个版面显得很规整。

图 6-33　海报版式设计

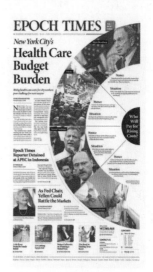

图 6-34　报纸版式设计

在版式的编排设计中，将具有明显面积差异的图片安排在一起，利用物象在面积上的对比来突出相应的图片元素，从而达到宣传主题信息的目的。扩大版面中图片面积的对比效果，可以帮助图片分割出明确的主次关系。因此该类编排手法通常被运用在一些以图片为主的刊物中，如时尚杂志、画册等。

如图 6-35 所示，版式中左右两侧的图片面积形成明显的对比，根据图片中的内容裁剪图片大小，以此来突出主题。

图 6-35　杂志版式设计

2. 图片方向

物体的造型、倾斜角度，人物的动作、脸部朝向及视线等，都可以使读者感受到图片的方向性。通过对这些因素的掌控，可以引导读者的阅读动线。以人物照片为例，人物的眼睛总是会特别吸引读者的目光；而读者的视线会随着图中人物凝视的方向移动。因此在此位置安排重要的文字，是引导读者目光移动的常用方法。此外，运用多张图片并按照一定的规则排列成一定的走向，也可以形成明确的方向性，从而引导读者阅读。

图 6-36　广告招贴

如图 6-36 所示，该画面的主体人物倒立向下，引导观者的视线向下，然后看到了产品信息、人物惊恐的眼神，也能够吸引观者的视线，从而起到引导作用。

图片的方向性是由其内容所决定的，因为图片本身是不具备任何方向性的。通常情况下，设计师利用视觉要素的排列方式或特定动态来赋予图片强烈的运动感。与此同时，图片的方向性还能对读者的视线起到引导作用，并根据图片内容的运动规律完成相应的视线走向。

如图 6-37 所示，该版式中使文字的方向与道路的方向一致，以周围的建筑物衬托，使整个画面产生空间感。画面中红色的汽车既能活跃版面氛围，又能引导阅读视线从上往下阅读。

设计师还可以利用物象自身的逻辑关联使图片产生特定的方向感。例如，地球的重力始终是朝下、单个生物的进化过程等。这些元素不仅能给图片方向性，同时还能增强版式结构的条理感。

如图 6-38 所示，该版式中圆形由少到多、自上而下引导人们的视觉，图片组成了一个三角形，给人一种稳重的感觉。

图 6-37　版式设计

图 6-38　海报设计 1

除此之外，还可以运用物象本身的动势来赋予图片方向性。比如高耸的建筑，在视觉上的透视效果能赋予图片延伸感，或者人物的动作朝向、眼神的凝视方向等，这些要素可使人们切身体会到图片在特定方向上所产生的动感效果。

如图 6-39 所示，该版式中上部铁塔是反向倒立的，下部是海洋的图片，铁塔的天空和海洋完美融合，中间的文字会有一种空间错位的感觉。

将版面中的视觉要素按照一定的轨迹或方式进行排列，同样可以赋予图片方向感。例如，将图片中的视觉要素以统一的朝向进行排列与布局，使版面形成固定的空间流向，并引导读者完成单向的阅读走向。

如图 6-40 所示，该版式将可乐瓶子顺序向后排列，近大远小，下边的文字也是随着排列顺序，依次向后，形成了版面的空间感。这种顺序大小的对比，有效地吸引了读者的视线，使其关注到版面顶部的标题。

图 6-39　海报设计 2

图 6-40　报纸版式设计

3. 图片位置

对于主体图片来讲，在版面中放置位置不同，对其本身的表现也将造成很大的影响。通常情况下，主体图片会出现在版面中的左部、右部、上部、下部和中央等区域，可以根据版面整体的风格倾向与设计对象的需求来考虑图片的摆放位置。

1) 左部

相对于文字来说，图片更具有视觉吸引力，将主要图片放置在版面的左部，可使画面产生由左向右的阅读顺序。通过主体图片的左置处理可使版面展现出统一的方向性，同时还可以增强版式结构的条理性。

如图 6-41 所示，该版式中左侧放置图片，右侧放置标题，符合阅读的顺序。这张海报的图版率较高，右侧大字号的标题与之相称，突出内容。

2) 右部

将主体图片位置在版面的右边，使读者产生从右到左的颠覆性视线走向。由于和人的阅读习惯恰好相反，因此这种排列方式能够有效地打破常规的版式结构，并在感官上给读者留下深刻的印象。

如图 6-42 所示，该版式将图片放置在右侧，打破了阅读习惯，给人一种新鲜感。整个版面是黑白色调，右侧标题上的红色块活跃了版面。

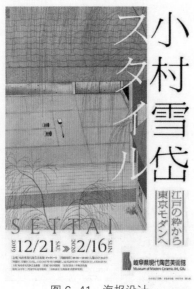

图 6-41　海报设计

图 6-42　Banner 版式设计

3) 中央

版面的中心位置是整个画面中最容易聚集视线的地方，因此设计师常将主体元素放置在该位置，以提升该元素的视觉表现力。将图片摆放在版面的中央，并将文字以环绕的形式排列在其周围，可赋予画面以饱满、迂回的版式特征。

如图 6-43 所示，该版式将图片放置在中央，图片中白色块面在红色背景上格外突出，能抓住观众的眼球，聚焦到中央，将文字穿插于图片空隙中，从而丰富版面。

4) 下部

在一些文字较少的海报设计中，由于版面中的视觉要素非常有限，一般能起到宣传作用的主要是标题与说明文字。为了使读者在第一时间了解版面的主题信息，设计师通常会将图片摆放在画面下方，以强调文字要素，从而使整个阅读过程变得清晰、明了。

如图 6-44 所示，该版式中将图片说明、标题等主要文字信息放置在版式顶部，以此来突出信息，图片放在文字下面也能使版面更加稳重，是较为常用的排版。

图 6-43　海报设计

图 6-44　杂志封面版式设计

5) 上部

版面中的文字与图形有着潜在的逻辑关系。设计师可以利用图片在视觉上的直观性与可视性来明确地阐明文字信息。当将图片摆放在版面的上方时，可以构建起从上往下的阅读顺序，并使读者从图片的内容入手，理解能力得到显著提升。

如图 6-45 所示，该版式将图片排在上部，大的文字标题置于底部，这种版式更多的是突出图片内容，通过图片来吸引读者的注意力，使版面信息更容易被解读。

6.4.2　对图片要素进行艺术化处理

图片是平面设计中说服力很强的元素，其真实、直观的效果能够让观众产生浓厚的兴趣。一幅精致的图片，无论是形式

图 6-45　海报设计

还是内容都要具有一定的视觉冲击力和视觉感染力，才能够吸引观众的注意力。

1. 编辑处理

在平面设计中，要根据设计的主题、图片画面的风格对现有图片进行艺术性的编辑处理。通过对图片的后期专业处理，使其发挥出最佳的视觉冲击力。

图 6-46 是一款草莓果汁饮料，对产品与水果进行编辑处理，使饮料瓶镶嵌在水果中来表达其产品无添加、纯天然、新鲜可口等特性。

图 6-46　编辑处理

2. 退底处理

对图片进行退底处理是指对图片中主体图形的外形轮廓进行抠图处理，删除背景中多余的部分，保留图片中需要的素材。图片的退底处理能够除去图片中繁杂、不符合设计意图的背景内容，通过抠图处理使图片的视觉效果得到升华提炼，并使主体部分的内容更加突出、醒目。

如图 6-47 所示，该版式将人物退底进行裁剪，保留胸部以上的人物图形，再配合文字图形的编排，使画面更加别致。

3. 背景处理

在进行平面设计时，有时图片背景并不是那么完美，有时也不是设计师想要的效果，这时设计师就需要对图片进行艺术的再加工处理，使图片主体内容更加醒目突出，富有想象力。例如，对图片整体进行退底处理，可以将背景更换成纯色或是渐变颜色。

如图 6-48 所示，该海报将人物重复重叠使用，去除了底纹背景，将背景换成纯色，因此对背景进行简单处理就能够增强图片的视觉效果及画面质感。

图 6-47　海报设计

图 6-48　背景处理

4. 合成处理

在图片设计中，一些单张图片不能准确表现设计的主题，可以对在原图中抠出的素材进行镜像、翻转处理，增加图片的感染力，将素材进行位置移动、错位移动，增加画面新颖、独特的展现形式，在原图中增加特殊效果，诱发观众不同的联想和想象，对原图素材进行叠加、覆盖等艺术处理，丰富画面的质感等方法都能更好地展现图片所要表达的主题，使其更加符合设计理念。

图 6-49 是一张保护动物的海报设计，图中兔子的眼睛及身体上被安装上了纽扣，表现人们捕杀动物来制成衣服的现实，以此来呼吁人类保护动物。这种艺术化的图片处理方式使图片更加有冲击力，更能够感染到读者。

图 6-49 海报设计 1

5. 色彩处理

图片的色彩处理一般分为黑白图片效果、单色图片效果和彩色图片效果三种。

黑白图片一种是本身就是黑白照片，处理中要注意颜色的过渡变化，另一种是为了达到某种特殊效果将彩色图片处理成黑白图片。

如图 6-50 所示，该版式采用了黑白图片处理方式，并配以红白色文字，作为 2007 年瑞士苏黎世电影节的海报设计，黑白色调的感觉更贴合电影节主题。

单色图片是仅使用一种颜色而进行的图片颜色处理，以表现出不同的场景和气氛。

图 6-50 海报设计 2

图 6-51 是一张黑白图片，马戏团驯兽的表演采用这种处理方法，效果会更加震撼，引起人们的深思。

彩色图片是平面设计中使用最广泛的一种，一般情况下，彩色图片的处理是改变图片的纯度和色调，使图片的分量感、色彩感发生变化，从而满足设计效果的需求。

如图 6-52 所示，黄昏时分，蓝色的天空和黄昏的阳光在色彩上形成对比，柔和安宁，和谐的色彩搭配及调和，让该图片在视觉上非常绚丽多彩。

图 6-51　黑白图片

图 6-52　彩色图片

在平面设计领域中，无论是设计构思，还是版面设计的艺术表现形式，都应借鉴、吸取现代设计艺术理念，合理运用图片素材，灵活应用、举一反三，才能产生不同的效果和艺术视觉，提高对图片的处理技能和手法。

◆ 6.4.3　摄影图片的处理方式

摄影图片是将风景、人物和物品等形象通过照相机拍摄下来，再经过计算机软件处理后呈现出来，用于传达某种特定的信息。摄影图片既能反映自然的形象美、事物的真实面貌和特征，又能真实、直观、强烈地传达出版面的主题思想。

图 6-53　广告海报设计

如图 6-53 所示，该疫情海报设计利用摄影图片进行处理加工，将病毒与飞船相结合，营造出一种病毒入侵的效果，较其他类型会更加有视觉冲击力，会让人们的生活有一种联系性。

1. 合成

合成是指将多幅摄影图片经过大小、色调、虚实等多方面的处理，最终合成统一、协调的整体。合成后的版面效果变化丰富，更有利于设计理念的表达。

如图 6-54 所示，设计师将猫脸和人像进行合成，用猫脸代替人脸，给可爱的小猫体验当人类的机会。

2. 特效

将摄影图片进行一系列的特效技术处理，从而使图片产生丰富多彩的特效变化，使版面的主题表达得更有力度。

如图 6-55 所示，图片经过宇宙星光等光效的渲染，这种表现形式加强了图形的质感和版面的视觉冲击力。

3. 特写

特写是指抓住现实生活中人物或事件的某一富有特征性的部分，做集中的、精细的、突出的描绘和刻画，具有高度的真实性和强烈的艺术感染力。

图 6-54　合成图片

图 6-55　特效图片

如图 6-56 所示，鼻孔被特写放大，占据了主要版面，鼻孔与瓶盖合成，以此来表现鼻子的堵塞状态，让读者体会到版面表现的张力。左下角有产品及文字说明，点明主题，突出了产品的特点。

4. 重构

重构是指将摄影图片裁剪、打散，再重新进行拼贴、错叠。这样的处理手法使图片具备了新的意境，增强了视觉语言的表现力。

如图 6-57 所示，该图片将皮包的包身用枯树枝、干草代替，这种重构能够令人过目不忘，增强图片的视觉表现力。

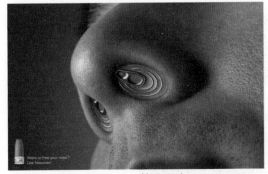

图 6-56　特写图片

图 6-57　重构图片

5. 拼贴

将具有立体空间的不同摄影图片进行剪切，并拼贴在同一个二维的平面上，组合成一个具有立体感、虚实变化的版面，这种蒙太奇的艺术形式使版面效果独树一帜。

如图 6-58 所示，设计师以拼贴方式组合出超现实画作，透过设计师的巧思，那些收集来的图片抽离了原有的脉络，重新编排并组合成带有波普艺术风格、达达主义的超现实构图。天马行空而充满童趣的图像引发的思考，让其作品带有些幽默与诙谐，趣味夸张的构图安排，色彩鲜艳。

图 6-58　拼贴图片

6. 影调

影调指画面的明暗层次、虚实对比，以及色彩的色相、明度等之间的关系。摄影图片中的线条、形状和色彩等元素是由影调来体现的，通过这些关系，使欣赏者感到光的流动与变化。

一般来讲，我们对影调的分类有两种：一种是按画面明暗对比（反差）划分，可以分为硬调、软调和中间调；另一种是按画面明暗分布划分，可以分为高调、低调和中间调（灰色调）。

如图 6-59 所示，低调的画面容易让人思考，黑色的天空、白色的浪花、汹涌的波涛让人感觉到大海的广阔，也会联想到不安。每个人的想法都会有所不同，但是会引起人们的深思，所以低调作品更让人感同身受。

图 6-59　影调图片

◆ 6.4.4　怎样裁剪图片才能更有意义

图片的裁剪是排版设计最基本、最常用的方法之一。通过裁剪，可以去掉不需要的部分图像，同时也能够改变图片的长宽比，调整图片的效果，使图片更加美观，更加适合版面的需要。

1. 通过裁剪缩放版面图像

裁剪的作用之一是截取图片中的某一部分，需要注意的是将裁剪后的图片放大处理时，要先确保图片的分辨率较高，才能保证印刷成品的清晰度，一般需要达到 300dpi 以上。

如图 6-60 所示，该版式只截取了人物上身一部分，并且去除了背景，与图形产生互动，这样的裁剪更加有视觉冲击力。

1) 通过裁剪突出图片主题

对版面中的图片进行裁剪处理，减少图片中多余的信息，保留下来的部分就形成了局部放大效果，能够非常有效地将读者的视线集中到设计师想要展示的内容上，从而突出图片的主题。

如图 6-61 所示，该版式左侧为产品的整体效果图，右侧图裁剪了桌子的局部，表现木桌的材质和纹理，更加直观地展示产品，也突出了杂志的主题。

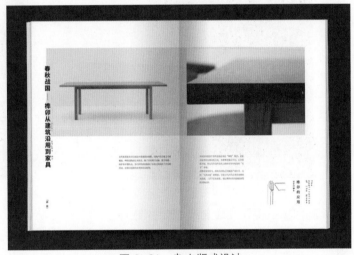

图 6-60　海报设计　　　　　　　　　　图 6-61　杂志版式设计

2) 通过裁剪删除多余图像

裁剪图片除了可提取需要的部分图像之外，另一个重要作用是将图片中多余的部分删除。例如，户外拍摄的照片常常会有路过的行人出现影响照片效果，这时就可以通过裁剪这部分多余图像将其删除，以完善照片的效果。需要注意的是，使用这种方法裁剪图像会删去图片中的信息，因此在裁剪之前需要分析哪些信息是可以删除的，哪些是必须保留的，尽量避免因为过度裁剪而删除需要保留的信息，或者因为裁剪不彻底而残留不需要的信息，给读者留下错误的印象。

如图 6-62 所示，该版式中将图片进行放大裁剪，使画面更具视觉冲击力，整个版面的图片更加活跃。

2. 通过裁剪调整图像位置

以图片为背景，将文字内容添加到图片上是一种常用的版式设计手法。这时，主要拍摄对象的位置就显得非常重要，并且拍摄对象的位置不同，给读者留下的印象也是不同的。当拍摄出来的照片原图没有达到预想的效果和排版要求时，可以通过裁剪来调整被摄物体的位置。例如，想要将位于图片中央的物体移动到左下方，可以保持图片右部和上部不变，对图片的左侧和下部进行裁剪，就能够得到想要的效果。

1) 抓住图片的关键点

图片是将相机朝向拍摄对象，通过主观判断，在固定的框架中拍摄的作品。这里所说的框架，等同于裁剪的意义。对图片进行合理裁剪，可以明确地突出编排意图。决定裁切方式时，应该注意内容的重点，能够体现图片含义的关键点。

如图 6-63 所示，该版式由两张图片构成，上部分的图裁剪特写突出，让主体在中央位置，吸引读者注意，更好地展现主题。该海报作为景点宣传，很好地抓住了景区的特色，裁剪的图片更加准确。

图 6-62　海报设计 1

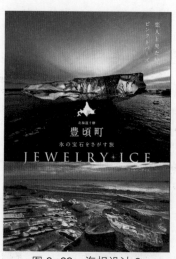

图 6-63　海报设计 2

2) 大胆裁剪，使目光聚集于图片的重点

在对图片进行裁剪时，不能只考虑单张图片，应该综合考虑页面中各图片之间的组合方式与相对位置。合理、大胆的裁剪处理，能够使读者的目光聚焦于版面中的图片，被图片所吸引。

如图 6-64 所示，该版式的图片裁剪大胆，将昆虫的身体保留，这样就放大了其形态，这种制造图片聚焦点的方式，能让读者更加清楚杂志的主题。

图 6-64　杂志版式设计

6.5　图片的编排规则

图片在版式设计中有着重要意义，它以形象的方式被人们瞬间接受和评价，视觉冲击力比文字强 95%。俗话说"一图胜千字"，这并非指文字表达力弱，而是指图片能克服文化、语言、民族等诸多差异，将一些用文字难以传达的信息、感受、思想轻松表达出来。

设计师可以通过对图片的处理，展示出不同类型和风格的版面，在明确表达信息的同时更清晰地展示版面的内容。这要考虑图片和文字之间的处理，要使文字和图形风格统一，且能起到相辅相成的作用。

如图 6-65 所示，该版式中使用了近乎满版尺寸的图片，在图片上搭配白色的文字，并采用了横排和竖排两种文字方式，能丰富版面，增加层次感。

图 6-65　海报设计

6.5.1　图片与标题的编排

1. 用标题文字的位置展现空间感

图片中摆放文字的位置通常是天空或阴影这类明暗变化较少的位置，当然也可以将文字放在图像中比较模糊的位置。在使用满版图片的跨页版面中，可以将文字放置在左右两侧，从而有效地拓展版面的空间感。

如图 6-66 所示，该版式中使用的满版图片天空部分较多，因此文字放置在天空的位置，丰富了版面，强调了图片的空间感。

图 6-66　杂志版式设计

2. 利用半透明色块突出文字的可读性

如果版面中的图片色彩比较丰富，色调变化比较大，为了使图片中的文字具有良好的可读性，也不破坏图片的完整性，可以在文字的下方添加半透明的白色或黑色背景色块，这样可以使文字具有很好的可读性。

如图 6-67 所示，该版式中使用满版图片，为了凸显标题文字内容，给文字加了一个白色块，文字镂空，与图片有了互动，也凸显了文字。

3. 使用能营造氛围的文字颜色

在图片内放置文字，基本上会使用黑色或反白这类能够保持文字可读性的配色。不过，有时候根据图片的色调来设置文字颜色更能衬托图片的氛围，完成令人印象深刻的版式设计。只要使用图片中的某种颜色作为文字的色彩，就能够自然地创建出统一感。

如图 6-68 所示，该版式中标题文字的颜色与右边标志的色彩及图片中男士内裤的色彩一致，三者使版面整体统一，比单纯的白色字体更加和谐并且突出。

图 6-67　海报设计 1

图 6-68　海报设计 2

◆ 6.5.2　图片与正文的编排

在版面设计中，图形与文字的编排形式会影响整个版面的效果，无论在书籍设计还是在招贴设计中，版式的文字、图形排列都很重要。为了实现良好的视觉效果，下面介绍四种图文排列的基本方式。只要掌握这几点，就可以完成不错的版式设计。这四种方式分别是左对齐、居中对齐、右对齐、"装箱式"排列。下面逐一对其进行介绍。

1. 图文左对齐排列

左对齐排列是版式设计中的基本方式之一，是四大基本方式中使用最频繁的一种，有着齐头散尾式的特征，与人们从左至右的阅读习惯相吻合，使用方便、美观。读者可以沿左侧整齐的轨线毫不费力地找到每一行的开头。左侧整齐一致，右侧长短随意，可以造成规整而不刻意的编排效果。

这种形式在宣传杂志、海报、网页等方面都很常见，在 Word 中以默认的对齐方式输入文档时，也用这种对齐效果。不管是多么复杂的内容，只要是字头对齐，就会显得井井有条，富有美感。不论是横排版还是竖排版，都可以采用左对齐的方式。

这样的例子比比皆是，如图 6-69 所示。

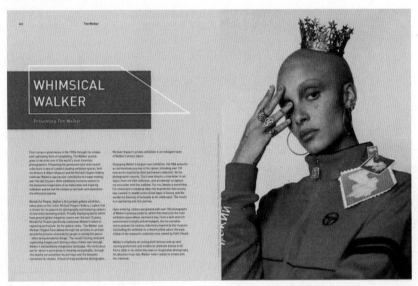

图 6-69　左对齐杂志版式设计

2. 图文居中排列

在图文排列中，居中排列是最传统的一种方式，让整体的设计要素集中于画面的中部。

居中排列的特征是当各行长短不一时，将各行的中央对齐，文字中心向两侧伸展排列，组成对称美观的文字群体。这种排版方式使画面看起来显得均匀、整体，这也是它的优点所在。但是也显得较为普通，所以其重点在于设计与元素的使用。

另外，均匀的排版设计容易让人体会到它的品质与韵味，这种方式经常被用于海报，或者是高级会展的海报与封面等。

如图 6-70 中的文字居多，在使用居中排版后会显得比较单调，没有很强烈的视觉冲击力，而且太对称的排版会使版面失去活力。所以，设计师在图中加入了一些元素进行点缀，还利用了颜色、图案。这些元素的添加打破了平衡，使版面产生了律动、富有变化的效果。

3. 图文右对齐排列

在图文排列中，右对齐是使用最少的一种方式，它的排列是使文章的结尾对齐，始端参差不齐，读起来很不方便。如果书是从左边翻开，右侧的文字采用右对齐的方式，这样阅读起来会稍微好一些。这种齐尾散头的对齐方式在现代社会的一些商务、时尚杂志和宣传广告中会使用到，但是用的

图 6-70　居中对齐海报版式设计

范围很小，大多是介绍图片。在一般读物中这样的方式还是少用为宜，文章的开头凌乱，读起来会很困难，增加了读者的阅读难度。

如图 6-71 所示，图片居中分布，细密的小字集中在图片右侧，左侧则用堆叠的大号字母控制画面的平衡，点睛之处是左上方的两排小字，压住了左边的空白感，使画面精致的同时与右边形成了自然呼应。

4. 图文"装箱式"排列

"装箱式"排列是指将文字放在一个固定的框架中，在输入文字的时候，如果其中有需要强调的部分，可以用线将其框起来，这些线被称为"边框线"。人们在翻看读物的时候，文字看起来就像装在盒子里，所以有"装箱式"排列这种说法。

如图 6-72 所示，将重点信息文字用线框框住，以此来突出重点，边框的使用也为画面增加了层次，活跃了版面。

图 6-71　右对齐海报设计

图 6-72　"装箱式"海报设计

一般在书籍设计中除了正文部分，小贴士、提醒等会使用到这种"装箱式"排列方式，效果十分简洁、美观。

"装箱式"排列的种类有很多种，可以使用四边形，这样看起来具有稳定性；也可以将四边形的角变为圆角，这样较为柔和；菱形会显得不稳定，却容易引人注意。另外，还有圆形、箭头形等形状，如图 6-73 所示。

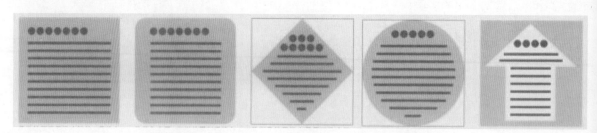

图 6-73　"装箱式"种类

　　设计师使用边框线时，一般都会采用不太明显的黑线来框在文字周围，只要能让读者注意到这部分内容就可以了。如果想特别醒目的话，可以将线条加粗或者使用花边等，但在使用边框的时候要注意不要使用得过多，否则会失去整体上的统一感。

　　如图 6-74 所示，两张图同样是矩形线框，同样的构图形式，但是其作用却不相同，左侧海报中线框的作用更多的是偏向装饰，增加文字排版区域的设计感和细节感；而右侧海报中的线框则是划定视觉范围，规整视觉元素，将文字区域划分为一个小整体，同时也起到一定的强调作用。对于线框，要灵活运用。

图 6-74　"装箱式"排列海报设计

6.5.3　图片与文字的综合编排

　　图文混排是版式设计中常见的情况，图片与文字在传达版面信息上具有不同的特点。图片在视觉传达上可以辅助文字，并帮助理解，使版面的视觉效果更加丰富、真实；文字能具体而直接地解释版面的信息。图文结合可以创造出更加强有力的诉求性画面，丰富的结合方法充满了创造性。所以，图片和文字之间有不可分割的联系，掌握好图片和文字结合的方法是版式设计的重要一课。

　　如图 6-75 所示，该海报设计将图形和文字进行了叠加处理，使视觉中心放在了一起，由图到字的视觉引导，版式也更加清晰、有趣。

1. 图片与文字并置的方法

　　图片与文字并置的方法是较为常见的一种排版形式，图形以其独特的想象力、创造力及超现实的自由构造，在排版设计中展示独特的视觉魅力。文字是对版面内容进行阐述、说明。这种方法可以更好地融合图片和文字的特点，增强版面效果，但要注意文字和图片之间的联系性。

　　如图 6-76 所示，文字信息被放在了龙虾图案上，看到文字和图片会产生联想，其关联性一目了然，图片和文字起到了相辅相成的作用。

141

图 6-75　海报设计

图 6-76　图文并置

2. 图片与文字横置的方法

　　横置是指将图片或文字的方向旋转 90°，使版面呈现垂直阅读的状态，这样的排版方式非常有视觉表现力。横置的方法有时虽然难以保证正常流畅的阅读，但是可以很好地使读者注意到版面中的内容，吸引读者的兴趣。在版式设计中，如果将部分页面的文字与图片横置编排，这部分就能在整体的版式体系中起到突出的作用。

　　如图 6-77 所示，该版式中将标题文字横置，对于版面有了界限定位，也能够突出内容，引起读者的注意。

　　在图片和文字共存的版面中，横置的排列方式能将原来平淡的版面变得富有特色，但是需要注意的是图片和文字的排列方式不能过于复杂，复杂的版面往往会为阅读带来一定的难度。横置的方法分为三种：图片横置、文字横置和图文都横置。

　　1) 图片横置

　　如图 6-78 所示，底图横置的图片看起来别有一番韵味，让人想起经历过的青春，怀念感油然而生。主次标题都是置于左上角，有线段元素和小文字的装饰，很有形式感。版面的左下方和右边的一条竖线都是由一些详细文字组填充，很有统一感，也让整个画面更为丰富、协调。

图 6-77　图文横置

图 6-78　图片横置

2) 文字横置

如图 6-79 所示，该版式中将文字横置在图中，与图片很好地融合。图片高楼做了方向的颠倒，竖直的大厦让空间有了纵深空间感，文字放在两边大厦中间的天空处，横置的文字增加了版面的延伸感。

3) 图文都横置

如图 6-80 所示，该版式虽然没有完全横置，对角斜放的方式让版式更加新颖、有趣，增加了版式的空间和方向感，让其更加有层次感，同时也不影响文字的阅读性。

3. 图片中插入文字的方法

在版式设计中，文字插入图片的情况比较常见，其中文字起到了解释图片和重点提示的作用，因此文字和图片的关系处理很重要。在图片中插入文字，主要使用下面三种方法来增强文字的识别性。

1) 文字使用和图片差别较大的颜色

一般情况下，会在深色背景中选择白色的文字，在浅色背景中选择黑色的文字，和图片颜色差别不大的文字不容易被识别出来。

如图 6-81 所示，在保证画面识别度的情况下，将文字插入在图片中与其融合，一些白色圆点与画面做互动，使版面更加和谐。

图 6-79　文字横置

图 6-80　图文都并置

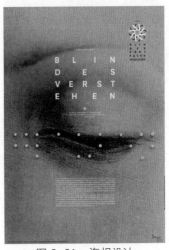

图 6-81　海报设计

2) 选择较粗的字体

如果希望图片中的文字更吸引人注意，较粗的字体比较细的字体更加容易识别。

如图 6-82 所示，该版式中的字体均是较粗的无衬线字体，即使在复杂的图片上面，仍然很有识别度，能够很好地传递信息。

3) 在文字下方添加底色

如果白色或黑色的文字都不能很好地识别，可以在文字下方添加底色，一般是规则的几何形态。添加底色之后，文字颜色就可以不只局限于黑色和白色两种。

图 6-82　Banner 版式设计

如图 6-83 所示,该版式中文字部分下面都添加了底色,在图版率较高的版面中,添加了底色的文字会更加醒目,图片整体色调相似,这也让纯色背景上的文字更加突出。

4. 将文字图形化的方法

文字一般起到解释和说明的作用,通过文字的阐述,读者能够很好地理解画面内容。在艺术设计领域,文字不仅能起到解释作用,还能将文字与图形的角色进行转换,将文字图形化,让文字在版面中更加具有表现力。

图 6-84 中将文字排列成人物肖像的形状,由文字叠加重复编排组成的图形会比一般图片更加有趣,让人眼前一亮。

中国的汉字是伟大而成功的设计。它本质上就是一种图形,将汉字笔画进行拆分后可以组合成不同的效果,而且还可以在图形中感受到文字的信息。

图 6-85 是汉字文化海报设计邀请展的宣传海报,该设计以文字为主,将文字图形化处理,让文字结构更加有艺术性,让读者感受到汉字的艺术美,从而了解海报的主题。

图 6-83　海报设计 1　　　　　图 6-84　海报设计 2　　　　　图 6-85　海报设计 3

6.6　　图像的情感化体现

在平面构成中,图片依据自身的内容对主题信息进行表述,而不同的图片所阐述的信息也存在着差异性。为了能够通过图片来丰富版面的表达形式,可以采用一些具有代表性的图片内容以提高版面的注目度。

根据图片内容的不同,将图片的类型划分为以下几种:具象性图片、抽象性图片、夸张性图片、符号性图片和简洁性图片。

6.6.1　通过对比感增强版面效果

图片的对比方式可以通过"比较"来定义，如果在版面中出现多个同等或不同等性质关联的元素时，先将版面一分为二形成对称构图，再对元素进行对比编排。

1. 同等性对比方式

将同等性质的元素以对称的构图进行编排，如果使两者对比更加强烈，可以通过颜色对比，使版面形成视觉性对比。

如图6-86所示，该版式将两款食物进行对比，为了加强版面的对比，在图片底色上运用了互补色彩，丰富了版面。

2. 不同等性对比方式

将不同等性质的元素以对称的构图进行编排，这样的视觉性比较直观，并且可以突出对比要素的差异，更简单、明确地表现出不同事物之间的区别。

如图6-87所示，美心鸡蛋卷的宣传海报将版面一分为二，上图是鸡蛋卷，下图是鸡蛋，两张图的对比再加上文案，可以很直观地向读者传达出产品的特性。

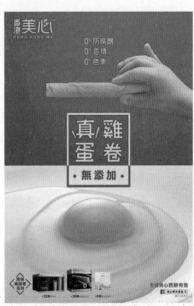

图6-86　海报设计4　　　　　　　　　图6-87　海报设计5

3. 轮廓合并对比方式

通过两图的轮廓结构合并形成一个新的创意组合，因而很好地对比出两者的差异性。前提是两者组合的轮廓要有相似度，否则会破坏整体的对称性。

如图6-88所示，产品宣传海报将凳子和笼屉的轮廓外形作对比，形成新旧对比，图片选择很巧妙，能完美地拼贴到一起，能很好地看出两者之间的不同。

图 6-88　海报设计 6

◆ 6.6.2　夸张性图片营造戏剧效果

　　夸张是一种修辞手法，将夸张这种概念融入图片中，不仅能增强其主题内容的表现力，还能激发读者的想象力。在实际的设计过程中，可以选择一些在视觉或形式上具有夸张性的视觉要素，使版面产生视觉冲击感，从而给读者留下深刻的印象。

　　对图片中的视觉要素进行艺术化处理，使其展现出与之前完全不同的形态，可在表现形式上产生夸张的效果。利用夸张类图片在视觉上的冲击力来刺激读者的感官神经，以此带给他们充满新奇感的视觉感受。除此之外，该类图片还具备生动性，能够有效地强化画面对于主题的表现力。

　　如图 6-89 所示，人物打了个喷嚏就像是挨了一拳似的，这种夸张的表现手法放大了流感带给人的痛苦，以此来引起人们的注意。

图 6-89　海报设计 7

与夸张的表现形式相比，图片内容的夸张显得更有内涵与深度。具体来讲，该类图片以版面的潜在意义为表述重点。例如，它可以是一个简单的动作或表情，通过简单的行为来激发读者的联想能力，使其在思考的过程中得出与主题相对应的结论，如图 6-90 所示。

图片中人物将鞋口充当人张大的嘴巴，并结合人物瞪大的双眼，呈现出惊讶的表情。画面中作为主体的鞋子，让人好奇为何这双鞋会让人如此惊讶，激发消费者的兴趣。

图 6-90　海报设计 8

6.6.3　抽象性图片增加表现力

抽象是指人们对某类事物共性的主观描述，抽象与具象的区别在于，后者能使人联想到具体的某个事物，而前者则完全抽离了该事物原有的形态，并呈现出无意识的形态，从而在视觉上带给人们一种回味无穷的视觉感受。

在平面构成中，抽象性图片带有强烈的个人色彩，并从艺术角度打破了人们对美的传统化认识。需要注意的是年龄、性别及人生经历的差异性也将影响人们对该类图片的认识，并在浏览的过程中产生完全不同的心理感受。

如图 6-91 所示，该版式中一个盒子打开盖子，迸发出一些流体，五颜六色且形状极其不规则，一个仰视角度使版面产生空间感。

尽管抽象类图片并没有固定的表现模式，但在实际的设计过程中，务必要以设计对象的主题要求为中心，并围绕该中心展开理性的创作，从而打造出具有针对意义的平面作品，使读者在感受到画面中抽象美感的同时，还能领略到画面中的潜在信息。

图 6-92 是比利时的 VOO 电信公司的海报设计，这并不是油画艺术品，而是糟糕的视频通话截图。设计师把这些看起来像

图 6-91　海报设计 9

是油画的截图做成了平面广告，意在宣传该公司高速的宽带网络服务，如果不想让糟糕的视频通话把生活变成抽象的艺术品，那就选择 VOO 的宽带服务。

图 6-92　海报设计 10

6.6.4　符号性图片的作用

在平面构成中，符号是指那些具有某种象征意义的图形，同时也包括文学中的标点符号，如问号、感叹号等。这些符号在不同的情况下所起到的作用也是不同的。例如，以标点为设计对象的符号图形能赋予版面以相应的情感表现，而特殊类符号图形则能起到装饰版面的作用。

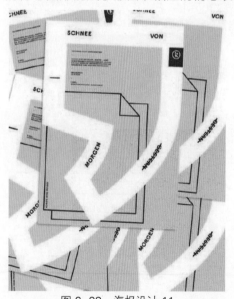

图 6-93　海报设计 11

1. 标点符号

在文学领域，标点符号的意义主要是断句和表达特殊的语气，当将该类符号运用到版式设计中时，通常会以某个标点符号的外形为基准，将画面中的某个视觉要素编排成该形状，从而赋予版面以相应的情感表达。

如图 6-93 所示，该版式采用逗号的轮廓做图形来重复叠加，增加了版面的体积感，很有形式设计感。

2. 特殊符号

特殊符号是指那些有别于传统的一类符号，在日常生活中，这些符号并不常见。但在某些特定的版式中，它们却能起到点缀的作用。例如在网页、书籍封面和宣传单等元素的设计中，人们常将一些特殊符号摆放在页面中，凭借这些符号在外观上的新奇感来提高版面整体的关注度，从而引起读者的注意。

如图 6-94 所示，该版式中使用了符号图标，不同动物的脚印，与文案相契合。

特殊符号可以是具象的某个标识，也可以是一些具有抽象概念的事物，如战争等。在版式设计中，通过该类符号给读者提供心理暗示，并使他们与符号指代的特殊意义达成共识，从而拉近作品与读者之间的距离。

　　如图 6-95 所示，用枪头和子弹两种符号代表战争，而子弹头是反向的，暗示着战争是朝自己开枪，一张优秀的反战海报，通过特色符号来给读者以心理暗示。

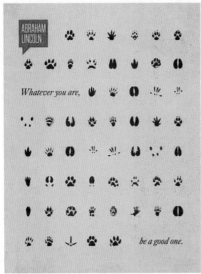

图 6-94　海报设计 12

图 6-95　海报设计 13

6.6.5　拼贴效果丰富图片层次感

　　将不同内容或材质的图片在空间中进行叠加式的排列组合，以构成图片间的拼贴效果。拼贴性图片在结构上有强烈的错位感。此外，将不搭调的图片拼凑在一起，可以使组合整体看起来有种格格不入的视觉效果，从而赋予版式以多元化的编排结构。

　　大部分的图片在进行拼贴前，都会经过设计师的一番精心裁剪。裁剪不仅能削减次要元素以突出图片内容的主题，同时随意地剪切还能使图片呈现出一种残缺美。拼贴性图片往往能给人创意十足的视觉感受。例如，将不同材质的图片拼贴在一起，会使画面显得个性十足。

　　如图 6-96 所示，该版式利用拼贴图片的效果，使画面更加有趣。将图片裁剪成不规则的形状，选择红和蓝互补的色彩，与两个黑色的圆形相结合，使版面更加有层次。

　　除了二维平面中的拼贴图片外，还可以利用图片间的叠加效果，赋予版面以立体的视觉效果。通过图片的叠加摆放，不仅能使画面产生一种随意性的拼贴效果，同时还为版面节约了大量空间。

　　如图 6-97 所示，该版式中将同一张图片做了色调拼贴，视觉上产生空间重叠的效果，从而赋予版面空间感。拼贴的手

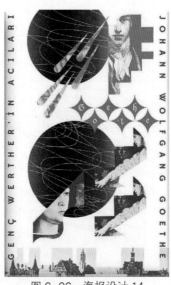

图 6-96　海报设计 14

法多元化，可以在创作的颜色、肌理和质感上产生变化，也是一种随性的表达方式。

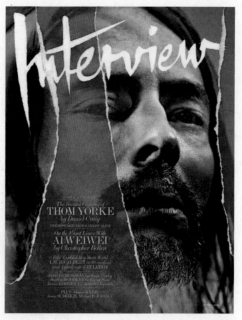

图 6-97　海报设计 15

6.6.6　个性化的文字图片

简单来讲，文字类图片是指将文字与图片进行有机结合，这种结合不仅能提高文字的视觉深度，同时还能强化对字面含义的表现力，并加强观赏者对主题信息的理解力。

将字体与特殊的材质结合在一起，以赋予文字图形化的视觉效果。在为字体添加材质之前，需要先了解该文字的字面含义与版面的中心主题，同时以这些信息为基准，将相应的材质添加到字体设计中，以此在视觉传达上构成具有准确性与针对性的文字性图片。

如图 6-98 所示，该版式以花卉的纹样材质赋予数字 25 上面，与版面主体文字相契合，表现与鲜花相关的主题内容。

根据版面的含义，可以将文字与图形组合起来，从而打造出绘声绘色的图形化文字。在实际的设计中，通常是以替换的形式来组合文字与图形的，如将文字的某个结构用图形取代，以此将具有直观性的图形语言融合到字体的表现中，从而加强版面对信息的传播效力。

如图 6-99 所示，该版式中标题字结构处用动物替换，使版式更加活跃，也契合主题内容，丰富了画面。

图 6-98　海报设计 16

图 6-99　海报设计 17

第7章　版式设计的风格

本章概述：
　　在掌握版式设计的各个主要元素之后，就需要通过把握版面的整体风格来组织元素，达到版式设计整体大于部分之和的效果。

教学目标：
　　通过对本章内容的学习，让读者了解版式设计的主流风格及主要营造特点，能够根据不同的主题要求来设计出不同风格的版式效果。

本章要点：
　　认识自包豪斯以来的各大主流版式风格及其版式设计手法，掌握如何斟酌安排这些无声的视觉符号，使之具有形式美的含义。

ALL　　WEB DESIGN　　LOGO DESIGN　　ILLUSTRATION　　PHOTOGRAPHY　　VIDEO

　　风格是作品中表现出来的具有一定综合性、稳定性、代表性、本质性的特点。版式设计的风格与其他对象的风格一样具有代表性、统一性和相对稳定性，是一个版式区别于其他版式的重要特征。版式设计的风格是多种多样的，可以用不同的分类方式对版式设计风格进行界定。从历史角度来说，不同时期会形成不同的设计风格，比如古典主义版式、现代主义版式、国际主义版式、后现代主义版式等。因此，不同时期设计风格的变化预示着新的设计思想的成熟和发展，同时也在不断影响着编排设计的形式和风格走向，不同时期的艺术流派都对版式编排设计做出了重要贡献。

7.1　功能至上的现代主义风格

　　在20世纪之前，版式设计一直沿用的是500多年前以古腾堡为代表的古典版式设计。传统的古典版式设计的特点是：两页对称，内文有严格的限定。字距、行距有统一的尺寸标准，天头地脚、内外白边按照一定的比例关系组成一个保护性的框架。海报中以图像为插图形式，具有叙述性。整体风格典雅、稳重，富于装饰性。而随着摄影技术、印刷技术、复制技术等新技术的发展及社会变革、现代主义艺术思潮的产生，20世纪的版式设计也随之发生了很大的变化。现代主义起源于20世纪初，它是工业社会的产物，以包豪斯为代表。现代主义提倡为大众设计，强调功能性，反对华丽的装饰，通常不受设计师个人风格的影响，且提倡理性、简洁、实用的设计理念。

◆ 7.1.1 德国包豪斯

　　包豪斯对版式设计领域最为重要且显著的影响是奠定了版式设计教育中平面构成、立体构成与色彩构成的基础教育体系。其次是包豪斯在设计理论中主张版式设计应该在网格布局的基础上进行设计，使版式设计具有简单、准确、高度理性化的特点，如图 7-1 所示。包豪斯的设计理论和设计风格是其成为理性主义版式设计风格的基础。

　　包豪斯是现代设计最为重要的教学与研究机构，这个时期的版面注重字体的设计与应用，高度统一了早期现代主义简洁、理性、秩序视觉审美的特点，如图 7-2 所示。突出的代表性设计家有李西斯基、赫伯特·拜耶、莫霍利·纳吉、朱斯特·施密特。包豪斯运用网格技术对版面进行划分的理性设计体系和方法，对于版式设计上的秩序起着重要的规范作用，并为网格设计的国际主义风格最终形成打下基础。德国人简·奇措德作为非对称及网格构成的倡导者，他提出网格形式必须为版面内容服务。在他看来，运用网格手段是传达式信息的一个环节和过程，即要根据信息的意义来进行版面构成，这样才能获得新时代的自由。留白、文字的间距，以及文字的走向是设计考量的基础，如图 7-3 所示。

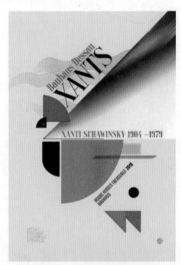

图 7-1　W.Flemming 向包豪斯　　　　图 7-2　包豪斯建筑学院　　　　图 7-3　W.Flemming 向包豪斯
致敬的海报　　　　　　　　　　　　百年校庆海报　　　　　　　　　致敬的海报

◆ 7.1.2 荷兰风格派

　　"风格派"一词，起源于杜斯堡等人在 1917 年 6 月 16 日创办的《风格》杂志。荷兰语 De Stijl 具有双重含义；De 指代某一种特定的风格，Stijl 表义为"柱子""支撑"，常常形容支撑柜子的立柱结构。风格派所追求的几何形式的抽象结构，正是通过线与面的不同组合与联系，创造了一种全新的、理想主义的艺术形式，如图 7-4 所示。后来还受到立体主义的影响，在版式设计中使用的大多是严密的几何化的文本组织样式，特别是反复运用纵横几何结构、基本原色和中性色。设计师把具象的特征完全剥除变成最基本的几何形状，并把这些几何形状进行组合，形成简单的图形。但是，在新的组合中，它们依然保持相对的独立性和鲜明的可视性。风格派的版式设计作品整体呈现出均衡、简单、稳重且富有变化性等特点，视觉风格呈现出理性与秩序感。

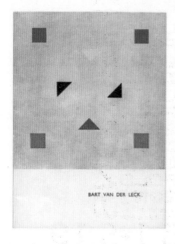

图 7-4　荷兰风格派版式设计

　　荷兰的"风格派"的思想和形式都起源于蒙德里安的绘画探索，如图 7-5 所示。荷兰的"风格派"的版式设计主要集中体现在《风格》杂志的设计上，图片、直线、方块组合文字成了基本的视觉内容，如图 7-6 所示。在版面上采用非对称方式，但是追求非对称中的视觉平衡。风格派确立了一个艺术创作和设计的明确目的，强调艺术家、设计师的合作，强调联合基础上的个人发展，强调集体和个人之间的平衡。由此可见，荷兰风格派的艺术家们对版面空间的理性设计是通过事物表面研究内在规律，那些看似简单的纵横非对称式版面编排实则是通过数学计算的方法进行划分，为版式设计的发展产生了巨大的推动作用。UNFOLD 主题书展策划海报设计，版式特点是高度理性，完全采用简单的纵横编排方式，字体完全采用装饰线体，除了文字、方块或长方形之外，基本没有其他装饰，如图 7-7 所示。

图 7-5　蒙德里安

图 7-6　风格派海报设计　　　　图 7-7　UNFOLD 主题书展策划海报设计

◆ 7.1.3　俄国构成主义风格

俄国的构成主义设计是俄国十月革命之后初期的艺术和设计探索运动，其主要代表人物是李西斯基。他的设计简单、明确，以简明扼要的纵横版面编排为基础，从来不在平面设计上进行装饰，字体全部是无装饰线体，如图 7-8 所示。构成主义在版式设计上的另一重大贡献是广泛采用图片剪贴来设计插图和海报。作品广泛使用在宣传海报的设计和制作上，效果非常突出，如图 7-9 所示。

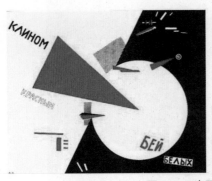

图 7-8　李西斯基构成主义作品

构成主义版式设计的风格特点是实用、简洁、设计形式多变。由于受到立体主义创作思维的影响，构成主义在版式设计中对形态、空间形式、结构等元素进行理性的分析与组合，如图 7-10 所示。在构成主义看来，设计应该有实用性和明确的目标与服务对象，设计形式要简洁、实用、多变，反对无内容的艺术形式，反对烦琐、杂乱与浪费，反对纯形式的绘画，主张非对称的视觉平衡形式，版式设计中着重于形态美、节奏美和抽象美，如图 7-11 所示。

图 7-9　图片剪贴构成主义作品

图 7-10　构成主义版式设计 1

图 7-11　构成主义版式设计 2

　　2018 年世界杯足球海报的设计就是采用了俄国构成主义的版式设计方法，非对称的视觉布局，以比较随意的方式处理画面，通常只需要达到视觉上的均衡感，版面比较灵活多变，如图 7-12 所示。在版式设计手法上力图提取几何元素作为形态造型手段，文字多采用无饰线字体，将抽象的几何图形与文字等元素进行构成设计，如图 7-13 所示。构成主义设计大师李西斯基为了发扬构成主义设计思想创办了杂志《主题》，杂志的版式设计清晰，有视觉张力，创作方法理性，用抽象的手段将各元素转化为简单的几何图形，对这些图形进行分割、组织排列，版面空间出现了横纵穿插的多种排列方法，使版式具有方向感与生命活力。

图 7-12　2018 年世界杯足球海报

图 7-13　构成主义海报

◆◇ 7.1.4　瑞士国际主义风格

　　瑞士国际主义平面设计风格是在现代主义前期发展基础上逐渐形成的，又被称为"井然有序

图 7-14 瑞士国际主义平面设计风格

的国际格子风格"，如图 7-14 所示。设计家基于严谨的数学度量及空间划分的思维把版面纵横分割出一系列分界骨骼线和模块，这为插图、照片、标志等要素放置打下了良好的基础。几何公式化的标准编排形成简洁的形式和准确的主次信息，方格中的空白与有形要素具有同等的功能，版面清晰明了，阅读变得更加容易，既有高度的信息传达功能，又有一种强烈的秩序感。

在 20 世纪初，马蒂厄·劳威里克斯对圆形和方形进行分割、重复、交叉的叠加处理，最后形成了一个具有一定比例关系的表格，如图 7-15 所示。后来又经过一些设计师的归纳整理，最终在 20 世纪 50 年代形成了一个标准化的版式结构系统并影响世界各国。

图 7-15 马蒂厄·劳威里克斯网格图解

瑞士国际主义版式风格的主要特点如下。

(1) 风格简单明确，传达功能准确，追求几何学式的严谨。简洁明快的版面排版，完整的造型，采用方格网为设计基础，形成高度功能化、理性化的设计风格，如图 7-16 所示。

(2) 设计是社会工程的组成部分。瑞士国际主义平面设计形式为数字网格，如图 7-17 所示。它非常注重数学逻辑和理性思维，导致了作品缺乏感性的思想，给设计师造成很大的局限，也非常不利于思维的发散，而且形成的版面过于死板、拘束，缺少自由和个人化的特点。因此，在后来的平面设计史中，设计师一反功能主义的设计理念，增加了感性的、个人的、自由的元素，如图 7-18 所示。

图 7-16　方格网为基础的瑞士国际　　图 7-17　理性的瑞士国际主义　　图 7-18　自由、感性的瑞士国际
　　　　　主义风格海报　　　　　　　　　　　　风格海报　　　　　　　　　　主义版式设计风格

7.2　多元的后现代主义风格

　　后现代主义版式风格是一种洒脱、自由的设计形式，展现了新时代的审美需求，变得更加多元化，尤其是在计算机制版技术普及之后，审美情趣国际化倾向更加明显。后现代主义里面有很多风格体系的分支，例如未来主义、达达主义、表现主义等。

　　后现代主义风格是一种在形式上对现代主义进行修正的设计思潮与理念，其设计理念完全抛弃了现代主义的严肃与简朴，往往具有一种历史隐喻性，充满大量的装饰细节，刻意制造出一种含混不清、令人迷惑的情绪，强调与空间的联系，使用非传统的色彩，这些规律产生了多元素的复合创意，在版面设计上具有开放性、时效性和空间性的特点，营造出新的意念和想象空间，在短时间内抓住观者的视线，完成信息的传递。

7.2.1　孟菲斯设计风格

　　如同很多创造性运动一样，孟菲斯风格是对 20 世纪中期的现代主义和 70 年代的极简主义的一种反抗。孟菲斯风格强调的是：尝试不同的材料、鲜艳的色彩装饰和富有新意的图案；在构图上往往打破横平竖直的线条，采用波形曲线、曲面的组合来取得意外效果，如图 7-19 和图 7-20所示。"孟菲斯"的核心人物是索特萨斯。1981 年以索特萨斯为首的设计师们在意大利米兰结成了"孟菲斯集团"，他们反对单调冷峻的现代主义，提倡装饰，强调手工艺方法制作的产品，并积极从波普艺术、东方艺术、非洲的传统艺术中寻求灵感。索特萨斯认为设计就是设计一种生活方式，因而设计没有确定性，只有可能性；没有永恒，只有瞬间。

图 7-19　孟菲斯风格元素组合　　　　　　　　图 7-20　孟菲斯风格海报设计

孟菲斯风格的设计都尽力去表现各种富于个性化的文化内涵，从天真、滑稽到怪诞、离奇等不同的情趣。孟菲斯风格在版式色彩上常常故意打破配色规律，喜欢用一些明快、风趣、饱和度高的明亮色调，特别是粉红、粉绿等色彩，如图 7-21 所示。孟菲斯风格的版式设计特点往往要求设计师故意打破秩序，无视作品功能和结构，减少使用直线，增加曲线圆形等充满趣味性的设计元素，传递夸张、幽默和个性的视觉感受。在版式设计中，孟菲斯风格似乎天生与现代流行融合，具备强烈的视觉感，如图 7-22 和图 7-23 所示。

图 7-21　孟菲斯版式设计　　　图 7-22　草莓音乐节海报设计 1　　　图 7-23　草莓音乐节海报设计 2

◆▶ 7.2.2　波普艺术风格

波普艺术是一种主要源于商业美术形式的艺术风格，也称新写实主义和新达达主义，其特点是将大众文化的一些细节，如连环画、快餐及印有商标的包装进行放大复制，如图 7-24 所示。

波普艺术其实是 20 世纪 60 年代发源于美国的一场反对精英主义和高端艺术的运动，意在把原本被视为高大上的艺术审美带回人们的日常生活中。

图 7-24　产品宣传海报

　　波普艺术风格的主要特点是色彩饱和、线条锐利，元素的重复叠加、漫画卡通形象的借用等手法也经常会运用在波普艺术作品中。设计师在版式设计中也经常借用这种创作手法，使版面的视觉体验更加丰富，如图 7-25 所示。波普艺术风格善于运用饱和的色彩和大胆的线条对人们日常生活中接触到的事物进行生动表现，反映了当时社会的乐观主义、业余休闲和消费观念等，如图 7-26 和图 7-27 所示。波普艺术风格的一大特色主题就是名人和明星文化。电影、电视、杂志、报纸都是人们常见的媒介，为了让大众理解消费主义和艺术的通俗性，设计师常常将一些元素进行放大和重复排列来创造醒目的版式效果，如图 7-28 所示。

图 7-25　波普风格产品宣传设计

图 7-26　Campbell's Soup Cans 设计

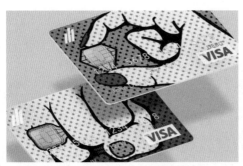

图 7-27　卡片封面设计

图 7-28　Tatler 杂志封面设计

7.2.3　未来主义风格

　　经过第二次世界大战后，西方社会理性主义的设计占据主导地位，冷漠化与国际化的网格使全世界的设计师都朝着统一模式化迈进，开始对自由版式有了新的思考。受到具有反叛精神的后现代主义风格的影响，未来主义的版式设计提倡"自由文字"的原则，如图 7-29 所示。传统的排版模式彻底被推翻，文字不再是以前那种规整统一的横纵排列形式，文字可以自由组合成为装饰性的图形，如图 7-30 所示。各种自由形式的图形出现在版面上，传达信息不再是版面的第一需求，通过自由的版面形式传达主题与思想才是未来主义最重要的核心理念，如图 7-31 所示。

图 7-29　自由版式海报设计 1　　图 7-30　自由版式海报设计 2　　图 7-31　未来主义流派的海报设计

7.2.4　达达主义风格

　　达达主义在版式设计中擅长采用拼贴、蒙太奇等方法进行创作，将文字、插图作为游戏的元素，突破传统的版面设计，强调偶然性，呈无规律的自由状态，如图 7-32 所示。达达主义艺术将版面元素文字、插图、版面的组织方式、字体装饰符号等统统视为可用的材料，图片以形态裁剪出来加以利用，这样的版式艺术风格打破了人们对原来版式设计的认知和传统设计的界限，开创出具有划时代性质的版式设计新概念。达达主义版式作品十分怪诞，令人费解，这种新兴的、零乱的、烦琐的、自由的版式设计使一般读者难以接受，如图 7-33 所示。

　　总的来说，达达主义版式设计风格呈现出的主要特点可以归纳为：①版心无边界；②解构性；③字体的多变性。这些规律产生了多元素的复合创意，在版式设计中具有突破性意义，如图 7-34 所示。

图 7-32　达达主义风格海报设计 1　　图 7-33　达达主义风格海报设计 2　　图 7-34　达达主义拼贴艺术作品

7.2.5　解构主义风格

在解构主义设计中，设计师致力于另一个方向的探索，发展了一系列与机遇和偶然性相联系的设计方法和技巧。例如，平面或立体图形的叠加、非理性穿插、错位的构成，以及破裂、倾斜、畸变、扭曲等处理手法的应用。版面设计有意强调不完整的状态，许多地方故意做成残损、缺失、破碎状态，令人愕然，又耐人寻味，有残缺美感，如图 7-35 所示。解构主义设计中的种种元素和各个部分的组合常常很突然，没有预示，没有过渡，或生硬或牵强，风马牛不相及。它们如同是碰巧偶然地撞到一起，有神秘莫测之感，如图 7-36 所示。

以卡尔森的设计为代表，平面设计界解构主义思潮的到来，拉开了版面设计的时尚序幕。通俗地说，版面解构就是对正统版面的解散和破坏。编排的解构成为一种新的方法，打破完整，重新构造。利用字体的大小变化，段落之间互相穿插重叠，给某个重要句子加线加框或反白，重叠或分离段落，看似故意给阅读增加了难度，实质上它隐含着巧妙的线索，令版面更添趣味。因此解构主义设计真正的价值在于冲破了以往的形式美法则的束缚，让人们发现更多的美，尤其是"冲突美"，如图 7-37 所示。

图 7-35　解构主义风格海报 1　　　图 7-36　解构主义风格海报 2　　　图 7-37　诚品书店海报设计

7.3　其他风格

版式设计的风格是多种多样的，可以用不同的分类方式对其进行界定。除了以上版式设计风格，还有以下几种。

7.3.1　传统版式风格

在现代版式设计中，传统元素的使用应该注意其自身文化的内涵与意境及怎样与现代版式相融；不应该过多地模仿西方设计，埋没了中国的传统文化精髓。中国的传统元素是最具有民族特色的，我们应继承与发展本民族最核心的文化内容，加强对传统元素的探究，设计出传统与时代感并进的设计作品，如图 7-38 所示。

中式传统风格在版式设计中非常常见，很多时候我们将具有中国传统版面特点的设计统称为中式风格，如图 7-39 所示。在当代设计中，根据内容的需要，现在市面上有很多模仿传统雕版版式的设计，在作品中保留了传统版面的版框线、行格、繁体的毛笔字等传统的中国版面元素，传递出一种浓厚的传统美学特征，如图 7-40 和图 7-41 所示。

图 7-38　中式风格海报（作者：徐伟）

图 7-39　中国风海报（作者：wu，mu-chang）

图 7-40　电影海报（作者：黄海）

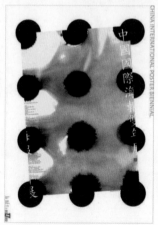

图 7-41　中式风格海报设计（作者：袁由敏）

◆ 7.3.2　扁平化风格

扁平化风格设计相对于过度设计来说，是人们重新思考后的进步，是对华而不实设计的一次批判。例如以往网页上众多花里胡哨的界面，让人们看得眼花缭乱。设计者为了吸引更多访问者的注意，运用各种动画和插图，甚至运用仿真阴影，来形成更多的噱头，这些其实都降低了页面的可读性。

扁平化设计虽然简单，但是人们观看起来更加直观、方便，可以轻松掌握数字媒体界面中的信息内容，因此，也越来越受到用户的欢迎，如图 7-42 所示。

扁平化风格的排版方式，来自于瑞士设计风格，其注重网格及无衬线字体的使用，层次分明，如图 7-43 所示。瑞士风格通常运用较大尺寸的图片和极简的文字来精准传达内容，成为"二战"之后国际流行的设计风格，它消除了事物多余的元素，只保留必要的部分，以几何化的图形、明亮的色彩和干净的线条作为设计的要点，它是简约设计的代表，如图 7-44 所示。

图 7-42　扁平化风格网页设计

图 7-43　扁平化版式风格海报

图 7-44　扁平风格界面设计 1

优秀的界面版式风格，不但可以突出自身的个性，而且可以使用户的操作变得更加简便、舒适。扁平化风格排版的目的在于帮助用户理解设计，运用网格的版面布局，减少操作过程中的反复性，提升识别性，如图 7-45 所示；在网格中将边框剔除，用二维的色块大胆地对页面进行分割，色块上使用统一的文字来说明内容信息，每一个图标又可以自己独立存在，在一个并列的轴向上通过操作连接更深层次的信息，增强稳定感，如图 7-46 所示。

图 7-45　扁平风格界面设计 2

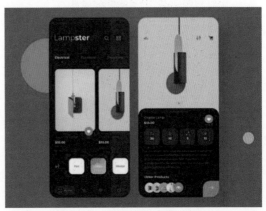

图 7-46　扁平风格界面设计 3

◆ 7.3.3 极简主义风格

极简主义出现并流行于 20 世纪五六十年代的西方，又被称为"简约主义""最低限度艺术"。起初它出现于绘画领域，之后逐渐扩展到雕塑、建筑、服装设计等各艺术领域。它既可以是一种艺术设计风格，也可以是一种生活态度。这种风格整体上会给人带来简洁大方的感觉，但作品并不失优雅与质朴，有助于突出作品内容的本质，除去层层的装饰，最原始、最平静地体现出设计的意味，如图 7-47 所示。

极简主义风格的版式在版面上讲求极度简洁，并且形式上也要契合内容主题，一些设计看似简单，实际上在文字、图形、构成上都极度讲究，如图 7-48 所示。极简主义版式推崇的是几何化的图形运用和简洁的结构形式，因此设计师在进行该风格设计的时候会经常用到减法，在设计时懂得取舍，这样才能让受众感受到作品的纯粹、自然和高雅，如图 7-49 所示。在色彩的选择上，极简主义版式一般会避免纷杂的色彩，通常会选择白色或自然材质原色来进行设计，如图 7-50 所示。观看或使用极简主义版式的相关作品可以让人的身心都得到一种极大的放松。

图 7-47　无印良品海报设计

图 7-48　极简风格海报设计 1

图 7-49　极简风格海报设计 2

图 7-50　极简风格海报设计 3

7.3.4　日式风格

在版式设计领域，个性鲜明的日式风格受到世界各地设计师的关注，有些版式设计作品似乎与我们平常所接触到的都不太一样，独树一帜且充满想象力。其实日本平面设计的发展并不早于欧美国家，而是在 20 世纪 50 年代左右从学习和模仿西方设计理念与技巧开始，经过一段时间后，通过与自身传统文化的充分融合，形成了独具日本本土特色的设计风格，如图 7-51 所示。

图 7-51　日式风格海报设计 1

日式风格设计一般将文字竖排，阅读方式是从右到左。在日式风格海报作品中，文字可采用竖排与横排相结合的方式，如图 7-52 所示。通常来说，一个版面中的文字排版横竖都有的话会影响信息的阅读，但是如果分清主次，以竖排为主、横排为辅或者以横排为主、竖排为辅，就对可阅读性影响较小，且能增强排版的对比，使版面更灵活、更有动感。如果海报中的主视觉都不是一个独立的整体，而是众多散点分布的元素，通常情况下，元素太多且不够集中的话，版面就会显得很凌乱，但是如果这些元素都是同一类型，而且颜色的种类比较少，并运用重复排列的技巧则可以创造出一种节奏感，如图 7-53 所示。

图 7-52　日式风格海报设计 2

图 7-53　日式风格海报设计 3

第8章 版式设计在不同媒介中的应用

本章概述：

本章主要介绍版式设计在具体实施阶段的主要工作，通过对相关实训案例的研讨，能够对版式设计的整体框架产生宏观认识。

教学目标：

通过对本章内容的学习，让读者掌握版式设计在不同应用场所的表现特点，适时调整版面的各个元素，以达到版面信息的最优传播。

本章要点：

版式设计的主要投放媒介及相关标准，能够依据其特点对版面的风格、文字、图片等信息进行适时调整。

ALL   WEB DESIGN   LOGO DESIGN   ILLUSTRATION   PHOTOGRAPHY   VIDEO

版式设计对传达内容的各种构成要素予以必要的设计，进行视觉的关联与配置，使这些要素和谐地出现在一个版面中，并相辅相成。在构成上成为具有活力的有机组合，散发出最强烈的感染力，传达出准确而明快的信息。宣传海报、产品包装、网页、VI 等都在版式设计的范围内。设计师不但要考虑受众及市场的需求，还要结合不同媒介载体的特性进行设计。人们面对信息的洪流，显得越来越没有耐心，是因为广告所传达的信息越来越混乱。对此，版式设计所要做的就是简化所传达的信息，在进行版式设计时，尽可能地突出客户最想让受众了解的信息。

8.1 海报招贴版式设计案例及应用

在当代社会生活中，海报作为一种基本的宣传工具，种类繁多，大体可以分为以下几类：商业海报、公益海报、艺术海报、文化海报。海报作为一种宣传工具，主要特点是简洁、明确和清晰。本节通过介绍海报版式的设计方法，并通过案例解析让读者进一步了解和学习版式设计的方法和技巧。

8.1.1 商业海报

商业海报可分为商品广告和企业形象广告，主要是为了传达商业信息，并且商业海报的设计必须有很强的号召力和感染力，能够引起消费者的注意和共鸣，从而达到促销商品的目的，如图 8-1 所示。

　　设计理念：Keloptic 眼镜海报传递"清晰"这一概念，谁都知道眼镜中的世界会更加清晰，但谁又能想到把油画世界通过眼镜变肉眼可见的真实世界这一创意呢？而且结合名画《梵高自画像》的创意足以打动消费者，如图 8-2 所示。

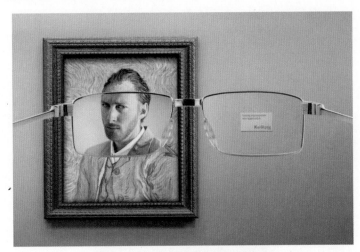

图 8-1　Keloptic 眼镜商业海报设计

图 8-2　《梵高自画像》

　　商业海报设计原则如下。

　　(1) 主题鲜明。每一张海报都有特定的主题，在海报创意与设计的过程中要结合相应主题，并将主题通过视觉元素充分地表达出来。

　　(2) 视觉冲击力强。商业海报一般都会张贴在户外，在这个信息繁多的时代，只有足够的视觉冲击力才能引起消费者的注意，并为之留下深刻的印象，使之回味无穷。

　　(3) 让图说话。图形语言是最简洁、最直接的表现方式，好的作品无须文字注解，只要看过图形之后便能理解设计意图。

　　(4) 富有文化内涵。优秀的商业海报作品不仅能够成功地表现主题，还要具有文化内涵，这样才能够使之与观看者产生情感交流，达到更深层次的意境。

8.1.2 公益海报

公益广告是以为公众谋利益和提高福利待遇为目的而设计的，是企业或社会团体向消费者阐明它对社会的功能和责任，表明自己追求的不仅仅是从经营中获利，而是过问和参与如何解决社会问题和环境问题这一意图的广告，不以盈利为目的，而是为社会公众服务的。它具有社会的效益性、主题的现实性和表现的号召性三大特点。其海报主题包括保护动物、保护环境、道德宣传、交通安全、弘扬爱心奉献等。

设计理念：这是关于疫情期间注意洗手的公益海报，作品通过有泡沫的肥皂来突出海报主题，使观看海报的人都能快速理解，如图 8-3 所示。

色彩创意：该海报以红色作为主题色调，想通过一种"警告"的方式去告诉大家要注意卫生，防护疫情，搭配红色的类似色，充分渲染了作品的主题，如图 8-4 所示。该公益海报利用类似色的配色原理达到视觉上的平衡感，类似色的配色原理是在配色中经常使用的方法，这样的配色方案不仅可以使画面色调达到统一，还富有变化。画面中的红色和粉色为类似色，将这两种颜色结合到一起，在视觉上打造出一种平衡感。

图 8-3　疫情公益海报

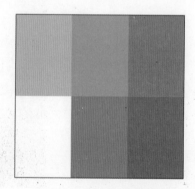
图 8-4　类似色色彩搭配

8.1.3 艺术海报

艺术海报是指无商业价值、无功利性，只为美化环境、赏心悦目而设计的海报，通常综合绘画、摄影、图形、色彩、材料、肌理等各种艺术手段进行表现，如图 8-5 所示。宣传目的是为了扩大影视作品的影响力。此类海报往往与剧情相结合，海报内容通常为影视作品的主要角色或重要情节，海报色彩的运用也与影视作品的感情基调有直接联系，如图 8-6 所示。

设计理念：这是一张战争题材的电影海报，该海报以黑灰色作为主色调，不同明度的黑白灰为画面增加了层次感，素描的肌理也为画面增加了一份凄凉感，很好地烘托了海报的主题思想。

图 8-5　艺术海报 1

图 8-6　艺术海报 2

8.1.4　文化海报

　　文化海报是以文化娱乐活动为宣传主题，例如音乐会、运动会、展览会、戏剧演出等，其宣传对象是有具体的时间、地点、主办单位的文化或商业活动，其宣传目的是加大活动的影响力，吸引更多的参与者，要求信息传达准确、完整，因此文字的比例要大于其他类型的海报，如图 8-7 所示。

　　设计理念：在该类文化海报中主要是对文字进行表现，文字堆叠在一起，营造出艺术化的氛围，并且突出海报的主题内容。

图 8-7　文化类海报

◆◆◆ 8.1.5　海报设计规范

海报不是被人们捧在手上的设计，而要张贴在户外能够引起人们关注的场所和环境中，海报的展示效果受到周围环境和各种因素的干扰，所以必须以大画面及突出的形象和色彩展现在人们面前。

海报的常用尺寸主要有 130mm×180mm、190mm×250mm、300mm×420mm、420mm×570mm、500mm×700mm、600mm×900mm、700mm×1000mm，如图 8-8 所示。但是海报的尺寸不能一概而论，也要考虑到外界的因素，例如现场空间的大小、客户的需求等。由于海报多数是用制版印刷的方式制成的，供在公共场所和商店内外张贴，在设计时应该注意尽量使分辨率达到 300dpi，从而保证印刷的质量。

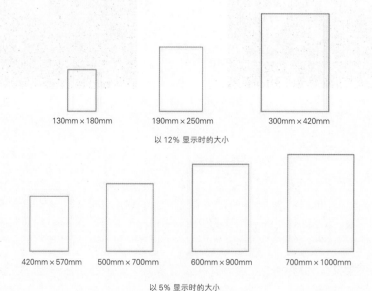

图 8-8　海报常用尺寸

在进行海报设计时，还应注意以下几个方面：一是插图应占整个海报画面的 3/4 左右面积。如果海报上只有一幅插图，这张图片就应占据画面一半以上的篇幅；如果海报上有超过两张以上的插图，这些图片各自占据的画面合起来的面积应占画面 3/4 以上的篇幅。国外有机构进行相应的调查，在使用人物、时装及诱人的食品作为广告插图时，如果该插图超过整个画面的 50%，则看过该幅海报的人，在事后又能回忆起这幅海报的，占看过该幅海报的人的总数的 32%；而如果该插图占整个画面的 50% 以下，则能回忆起该幅海报的人，只占看过该幅海报的人的总数的 21%。另外，还发现图片比素描、插画更易被人记忆，如图 8-9 所示。二是广告标题最好直接放在正文上方，这样能够获得更多的读者，如因某种版式需要，也可将它放在插图上方，这样就必须在正文上方加上一个副标题，并且在海报广告中应将产品的名称或标志放在显眼的位置，除非它已在大标题中突出地显示过，如图 8-10 所示。三是招贴广告多数采用非对称式平衡形式，而只有少数表达严肃性和稳定性的广告采用对称式平衡形式。一般来说，完全对称形式容易使人产生呆板和乏味的感觉，应尽量避免，如图 8-11 所示。

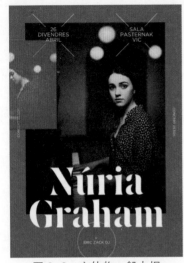

图 8-9　主体物一般占据
画面 3/4 的面积

图 8-10　标题在图片的上方

图 8-11　非对称式平衡形式海报

8.1.6　实训项目

项目名称：海报招贴版式设计练习。

完成形式：运用招贴视觉版式规律设计主题招贴。

实训目的：设计的过程就是对知识理解的过程，海报招贴是一种重要的表现方式，通过练习体会海报招贴版式设计的规律性及其特点。

项目要求：以公益海报为切入点，主题自拟，按照海报招贴通用的尺寸设计，要求画面简洁，构思新颖，内涵丰富。

8.2　书籍报纸杂志版式设计案例及应用

本节通过介绍书籍报纸版式的设计方法，并通过案例解析让读者进一步了解和学习版式设计的方法和技巧。

8.2.1　书籍版式

现代书籍版式设计，即在规定范围内，利用巧妙的设计手法与设计理念，将书籍所呈现的内容信息，按照主次分明、主题明确的方式，通过艺术语言来更好地表现。一本好书除了要考虑优质的内容，还要在版式设计上多花心思。图书新颖的设计使内容与版式相得益彰，不仅能够快速吸引读者，而且还能给读者带来良好的阅读体验。

1. 书籍的开本

书籍的开本是指书籍幅面大小、形状，是将一张全开的印刷用纸切成若干幅面相等的张数，这个张数就是开本数。设计开本要考虑成本、读者、市场等多方面因素，还要与书籍的类型和内容相结合设计。目前国内书籍出版用纸的规格，主要有两种：尺寸为 889mm×1194mm 的称为大度（规）纸，尺寸为 787mm×1092mm 的称为正度（规）纸。标准开本尺寸的设置，则要在此基础上除去印刷时的出血位和咬口位的尺寸。以常用的标准 16 开本为例，具体尺寸为 210mm×285mm（大度）、185mm×260mm（正度），如图 8-12 所示。

2. 正文的构成

正文版式设计是指在书籍已定的开本上，将书籍正文的体例、结构、层次、图标等各视觉元素之间进行艺术与技术的编排。目的是使书籍正文的结构形式既能与开本、装订等外部形式相协调，又能给读者提供阅读上的便利。在每个版面中，文字与图形所占的主体被称为版心。版心之外，上面空间称为天头，下面空间称为地脚，左右称为外口、内口。在中国传统的版式中，天头大于地脚，目的是为了让人作"眉批"之用。西式传统版式是从视觉角度考虑，上边口相当于两个下边口，外边口相当于两个内边口，左右两面的版心相异，但展开的版心都向心集中，相互关联，有整体紧凑感。目前国内的出版物版心基本居中，上边口比下边口宽，外边口比内边口略宽。锁线订、骑马订与平订的书，其里边的宽窄也有所区别。版心的大小根据书籍的类型来确定，如图 8-13 所示。

图 8-12　16 开本的书籍大小

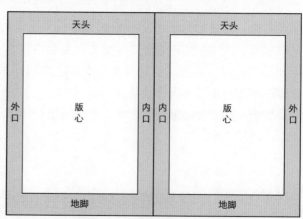

图 8-13　书籍内文版式结构

在进行书籍排版时，应多注意版面的留白、字体的选择、版面的分栏这几块内容。其中，留白要注意版面不一定非要排布得满满当当的，留一些空白，才不会让书籍版面显得拥挤。在进行字体选择时，需注意字体不要过多。对于书籍排版设计，一定要注意英文字体与中文字体的搭配。中英文字体一定要保持一致的风格，粗宋体的英文与中等线的中文是无法组合的。版面中的字体最好少于三种，字号起码要三种。设计时如果遇见文字部分多的，可以先分栏。分栏会让人很轻松地看完整篇文字。其次，注意字号、行距、字间要保持一致，但不要过于拥挤，就算删减文字也要如此。

8.2.2　报纸版式

报纸是大家非常熟悉的媒体传播方式，它的种类繁杂、发行面广、时效性强、传播力高、阅读者众多，并适合随时随地翻阅。尤其是报纸的连续性，更能吸引读者逐步加深印象，版式设计在报纸版面中扮演着举足轻重的作用，如图 8-14 所示。

图 8-14　《中国日报》

目前世界上各国的报纸版面主要有对开、4 开两种。其中，中国的对开报纸版面尺寸为780mm×550mm，版心尺寸为 350mm×490mm×2，通常分为 8 栏，横排与竖排所占的比例约为 8：2；4 开报纸的版面尺寸为 540mm×390mm，版心尺寸为 490mm×350mm。

报纸版式设计的主要要素：标题、图像、边框线、色彩。其中标题的设计，关系到报纸的风格和品位。标题的作用是使文章的主题更加吸引人，更加突出；另一方面使文章之间有明确的开始和终结标志。标题位置不同的编排，字体和字号的变化形成不一样的视觉效果，使读者在尽可能短的时间内获得尽可能多的新闻信息，如图 8-15 所示。另外，在设计版面标题的时候，一定要注意字距和行距的使用。

图 8-15　突出的报纸标题

在现代报纸中，图像的作用越来越突出，图文并重已经得到广泛的认可。现在报纸版面的审美标准，基本以运用图片、图表、插图的情况而论。多以大图片、小图片的搭配作为时尚的第一因素。大的图片有很强的视觉冲击力，吸引读者的眼球。其中，图像的去底图处理方法可以形成强烈的对比效果，更是版面视觉停顿等重要的方法，如图 8-16 所示。然而，在一个版面中到底使用几张图片，占用多大空间位置，这些细节也应该按实际情况考虑。

图 8-16　吸引眼球的大图版式设计

边框线各自的效果和心理作用几乎来自于线条粗细的不同，如果能够合理地运用这些边框线，会使报纸版面显得丰富而有层次，如图 8-17 所示。在许多报纸中，可以看到边框线在版面中的功能。例如一些边框线表示强调、分隔、引导或营造节奏感等功能。然而，报纸版式设计的内容信息比较多，包括确定所有版面的安排。

图 8-17　较多信息的报纸版面布局

无论在报纸还是其他的版面设计中，色彩都是较为重要的一个要素。如果色彩过于丰富，就会使版面显得过于拥挤，造成视觉疲劳。色彩具有表达情感的作用，比如一篇关爱儿童的新闻，如果运用黑白的色彩，会给人一种沉闷、伤感的感觉。这里应该运用一些暖色调的色彩，给人一种温暖、舒适的印象。因此，色彩的使用要符合报纸所表达的主题，如图 8-18 所示。

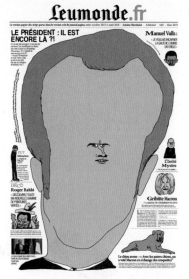

图 8-18　在报纸版式中色彩的合理搭配

8.2.3　杂志版式

杂志作为情感交流的载体，在人们的文化生活中扮演着极其重要的角色，它集聚了图书、电视、广播的特点，内容丰富、时效性强、综合化程度高、阅读方便。而在如今大体量的需求下，期刊设计成为其能否满足广大读者需求的一个关键因素，在内容符合读者需求的情况下，读者更希望看到期刊封面、版面设计上的闪光点，更符合他们的视觉审美。正因如此，现代化杂志才需要创新，才需要再创造，从设计上达到读者视觉审美的标准，提高他们的阅读兴趣，将庞大复杂的内容变得更加规律化、条理化、层次化，进而整体提高杂志的质量，满足广大读者的需求。

杂志的开本主要有 32 开、16 开、8 开等，其中 16 开的杂志是最常见的。细心的读者会发现，同样是 16 开的杂志，大小也是不一样的，原因是 16 开的杂志开本又分为正度 16 开和大度 16 开，这就要求设计师在设计广告作品之前，首先弄清楚杂志的具体版面尺寸。32 开的版面尺寸为 203mm×140mm，8 开的版面尺寸为 420mm×285mm，正度 16 开的版面尺寸为 185mm×260mm，大度 16 开的版面尺寸为 210mm×285mm，目前中国使用最广泛的是大度 16 开的杂志版面尺寸，图 8-19 为杂志的开本及幅面尺寸。

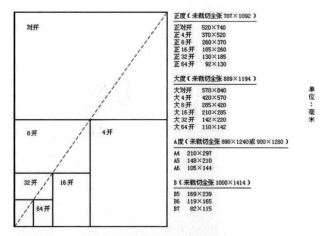

图 8-19　杂志的开本及幅面尺寸

杂志在封面设计上要具有标识性，也就是区别于其他期刊的艺术设计风格，可以是视觉上的冲击、文化内涵的区别、艺术风格的不同。杂志封面设计包括对读者类群的定位，对内容属性的概括，对学科专业范围的定性，如美国苹果公司的杂志设计，在风格上与自己的品牌调性极度统一，如图 8-20 所示，其创新具备一定的个性，且个性风格与产品品牌有密不可分的关系，进而形成品牌效应。通过杂志封面设计，直观感受到杂志特征、杂志价值等。

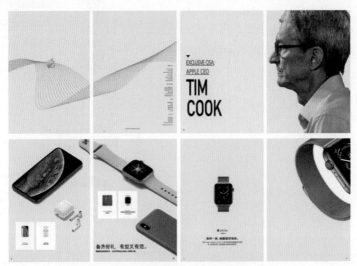

图 8-20　美国苹果公司杂志版式设计

　　在实际设计中，设计师可自由选择设计方法，主观意识下自由设计与"网格"式框架结合，更符合版面设计需求。也就是说，"网格"框架是构建版面的辅助手段，为版面设计搭建基础，进而按照设计者的思维将大量文字和图片条理化、层次化。那么在进行创新时，就可以采用这种"网格"框架为基础的方法进行版面设计，令设计工作更加迅速、简便，更有条理、层次，形成高效的版面设计形式，并赋予版面设计清晰的逻辑关系和分析能力，行之有效地解决不同的版面设计的难题。在这种框架下，版面具有和谐、统一的形式，也具有重点突出的内容。另外，在这种框架的构建基础上，版面设计主次分明，有一定的规律，可读性更强，如图 8-21 所示。

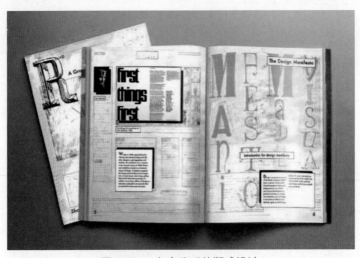

图 8-21　主次分明的版式设计

8.2.4　实训项目

项目名称：书籍内文版式设计练习。

完成形式：将制作完成的书籍打印稿装订成册，并附加设计说明。

实训目的：通过内文版式的实践处理，增强对图文编排等元素的版式设计内容的认知。

项目要求：设计制作一本 24 页的书籍内文版式，运用本节所讲解的知识点编排图文，能够体现主题内容与特点。

8.3　DM 广告版式设计案例及应用

本节通过介绍 DM 广告版式的设计方法，并通过案例解析让读者进一步了解和学习版式设计的方法和技巧。

8.3.1　DM 广告概述

DM 广告也被称为"邮送广告""直邮广告""小报广告"等，即通过邮寄、赠送等形式，将宣传品送到消费者手中、家里或公司所在地。美国直邮及直销协会对 DM 广告的定义如下：对广告主所选定的对象，将印就的印刷品采用直接投递的方法传达广告主所要传达的信息的一种手段。DM 广告形式有狭义和广义之分，狭义的 DM 广告是指将直邮限定为附有收件人名址的邮件；广义的 DM 广告是指通过直接投递服务，将特定的信息直接给目标对象的各种形式广告，称为直接邮寄广告或直投广告。一般认为只有通过邮局的广告才可能称为 DM 广告，因此它区别于传统的广告刊载媒体如报纸、广播、电视，以及互联网等新兴广告发布载体。图 8-22 为最常见的 DM 广告宣传页效果。

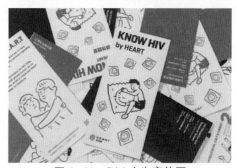

图 8-22　DM 广告宣传页

8.3.2　DM 广告的特点

DM 广告与其他媒介的最大区别在于：DM 广告可以直接将广告信息传送给真正的受众，而其他广告媒体形式只能将广告信息笼统地传递给所有受众，而不管受众是否是广告信息的真正受众。DM 广告具有以下优点。

(1) 有针对性地选择对象，有的放矢，减少浪费。

(2) 对特定的对象直接实施广告，容易引发广告接受者的优越感。

(3) 一对一地直接发送，减少信息传递的客观挥发。

(4) 不会引起同类商品的直接竞争。

(5) 可以自主选择广告时间、区域，灵活性较大。

(6) 不为篇幅所累，可以尽情赞誉商品。

(7) 内容自由，形式不拘。

(8) 信息反馈及时、直接，有利于买卖双方双向沟通。

(9) 广告持续时间长，可反复翻阅浏览。

(10) 摆脱中间商的控制，不受外界干扰。

◆ 8.3.3 DM 广告的分类

DM 广告按照内容主要分为广告单页和介绍样本。

广告单页包括传单、折页、明信片、贺年卡、推销信等，主要用于产品、活动简介和企业形象推广。由于是单张形式，所以纸张耗费少，制作成本相对低廉；通过折叠形成页面区分，可以使广告信息的编排更有层次，同时便于邮递与携带，如图 8-23 所示。

图 8-23　广告单页类 DM 广告

介绍样本包括各种册子、产品目录、画册、年报等，通常是公司之间资料交换、业务往来的重要宣传印件，主要为详细的产品介绍，如涉及各种商品规格参数与价格，或者是包括前言、致辞、机构、成果、服务等所有信息在内的全方位的企业宣传手册。样本多数采用 8 开对折装订，形成标准 16 开形式，纸材以亚粉纸与铜版纸为主。这种常规开本的制作成本相对较低，同时便于陈放。样本的制作成本相对较高，制作精良的样本常常也是公司实力的一种体现，如图 8-24 所示。

图 8-24　大众公司 DM 广告

8.3.4　DM 广告的设计要求

DM 广告的设计与创意要新颖别致，制作精美，内容设计要让人不舍得丢弃，确保其有吸引力和保存价值。

了解产品，熟悉消费者心理。主题口号一定要响亮，能抓住消费者的眼球，好的标题是成功的一半，它不仅能给人耳目一新的感觉，而且还会产生较强的诱惑力，引发读者的好奇心，吸引他们不由自主地看下去。

纸张规格的选择。要使 DM 广告的效果最大化，设计时纸张、规格选择大有讲究。一般画面印制选择铜版纸；文字信息类的选择新闻纸，对于选择新闻纸的一般规格最好是报纸的一个整版面积，至少也要半版；彩页类，一般不小于 B5 纸，尺寸不能太小，二折或三折页不要作为 DM 广告形式夹在报纸中，因为尺寸太小，读者在拿报纸时，很容易掉落。

良好的色彩与配图。在为 DM 广告配图时，多选择与所传递信息有强烈关联的图案，刺激记忆。设计制作 DM 广告时，设计师需要充分考虑色彩的魅力，合理运用色彩，以达到更好的宣传作用，给受众群体留下深刻的印象。此外，好的 DM 宣传广告还需要纵深拓展，形成系列，以积累广告资源。在普通消费者眼里，DM 广告与街头散发的小广告没有多大的区别，印刷粗糙，内容低俗，是一种避之不及的广告垃圾。其实，要想真正打动消费者，不在设计 DM 广告时下一番功夫是不行的。如果要想设计出 DM 广告精品，就必须借助一些有效的广告技巧来提高所设计的展示效果，使其看起来更美、更招人喜欢，成为企业与消费者建立良好互动关系的桥梁。图 8-25 为设计精美的 DM 广告。

图 8-25　诚品书店 DM 宣传广告

8.3.5　DM 广告的四种基本版式

DM 广告有四种基本的版式设计，这里所说的版式是指文字和图像的版面设计。在视觉设计中使用的设计元素以文字和图像为主，这种基本的版式，不单是关于 DM 广告的，同时也是杂志、招贴的版面设计中共通的版式。这些版式之所以这样固定是有原因的。首先，可以说这是站在读者的角度，追求便于读者阅读的版式的结果，方便阅读可以说是设计的必备条件。如果只是重视形式的美观而不便于阅读，那就是设计的失败。

下面是 DM 广告的四种对齐方式。

(1) 左端对齐：通过左端开头的对齐使版式看起来统一漂亮，而且由于其便于阅读，也是采用最多的版式，如图 8-26 所示。

(2) 中间对齐：中间对齐之后，左右便形成了对称的形式，这样便产生了稳定感，但是由于缺少动势，会显得呆板，如图 8-27 所示。

（3）末端对齐：末端对齐不方便阅读，多被用于需要右侧对齐才好看的情况，如图 8-28 所示。

（4）放入框中：指把文字放在方框中。这种形式用于需要单独突出一部分让人阅读的时候，或者是需要阅读的文字周围的内容比较杂乱的情况下，如图 8-29 所示。

图 8-26　左端对齐

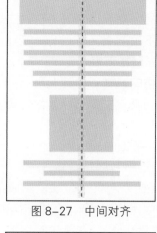

图 8-27　中间对齐

图 8-28　末端对齐

图 8-29　放入框中

8.3.6　实训项目

项目名称：DM 广告三折页版式设计练习。

完成形式：选择某品牌为其制作 DM 广告宣传三折页。

实训目的：利用 DM 广告版式设计要求进行实际操作练习，区分 DM 广告版式设计与其他版式设计之间的差别，掌握其设计特点和要求。

项目要求：以品牌产品为切入点，主题自拟，按照三折页通用的尺寸设计，风格不限，符合品牌的整体调性。

8.4　包装版式设计案例及应用

本节介绍包装版式的设计方法，并通过案例解析让读者进一步了解和学习版式设计的方法和技巧。

8.4.1　包装设计概述

包装设计的作用是为了保护商品、美化商品、宣传商品，也是一种提高产品商业价值的技术和艺术手段。包装设计包含设计领域中的平面构成、立体构成、文字构成、色彩构成及插图、摄影等，是一门综合性很强的设计专业学科。包装设计是和市场流通结合最紧密的设计，设计的成败完全有赖于市场的检验，所以市场学、消费心理学始终贯穿在包装设计之中，如图 8-30 所示。

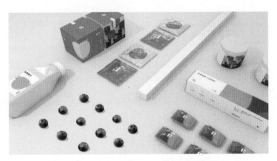

图 8-30　Rango 产品包装

在如今的高科技时代，人们普遍认识到了环境对于自身发展的重要性，崇尚自然、原始和健康的消费观念使包装功能不仅局限于容纳、保护、促销等方面，而且开始大力倡导"绿色包装"这一消费市场的新观念，使产品与包装材料向着"无污染"的方向发展，如图 8-31 所示。节约天然资源、不破坏生态环境的环保型包装设计成为目前包装设计的一种新趋势。包装设计应该始终围绕着消费者和消费市场的需求而进行。所以，如果包装不根据消费者的个性化、多样化需要来设计，是很难在市场上获得成功的。这也要求商品的包装设计要与商品的特点相适应。

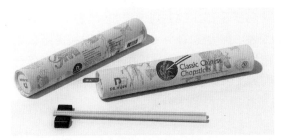

图 8-31　环保筷子包装（作者：黑米）

包装的版式一般由一个或多个版面构成，如常规的纸盒包装一般有六个版面: 前、后、左、右、上、下。每个版面因其在整个版式中的位置不同而具有不同的地位，它们分别承载着不同的设计元素。一方面包装版式的各个版面之间具有相对独立性；另一方面因为它们都隶属于同一产品的包装，所以又具有连续性。在编排设计时，一定要处理好整体版式与局部版面之间的关系，使整个版式重点突出、主次分明、布局合理，如图 8-32 所示。

图 8-32　印加果包装设计 (作者：Sure Design 烁设计)

8.4.2　包装版式的设计原则

包装是利用图形、文字、色彩、外观造型、材料等艺术手法传达商品信息的设计，是依附于商品包装结构之上的平面设计，关系到商品的文化品位、消费者的审美需求，具有传递商品信息、美化商品、吸引消费者、提高商品附加值和市场竞争力的作用。

因此在进行包装版面设计时需做到以下几个方面。

(1) 定义版面个性特色。编排要通过调研、分析，选择恰当的字体、色彩、图形并结合企业的视觉传达战略，形成该包装的特有视觉感知方式。同时还要注意与商品本身的特征相结合，无论选择古朴或时尚、奔放或典雅的风格都必须符合商品特征，因为包装设计的艺术个性表现是建立在商品内容基础上，体现其目的与功能的。

(2) 创建版面层次。主要是根据视觉传达信息的重要性和主次顺序进行布置安排。由于现在商品信息量大、产品"同质化"现象普遍，为确保消费者能瞬间识读一件包装设计中的有效信息，就必须对文字、图形等元素的排列方式、比例尺寸、相互关系等方面进行综合考虑，要突出商标品名、商品形象，迅速把商品信息传达给消费者，让人一目了然，而包装的商品的成分、功能、重量、使用说明、保存期限、各主管部门的批号等说明性的文字一般放到侧面或背面展现。另外，还要注意版式设计中产品包装的主要信息在 1.5m 左右可以被清晰识读。

(3) 把握整体。在对包装视觉要素的整体安排中应紧扣主题，突出主要部分，次要部分则应充分起到陪衬作用，使各局部间的关系既独立又与整体相互联系，从版式的形式要素和构成方式上讲，既要有联系又要有区别，注意规律性要便于识读。

8.4.3　包装版式的构成要点

包装设计包含色彩、文字、图形等要素，它们经过设计组合后，才能形成一个完整的商品包装。

首先介绍一下包装版式设计中色彩的部分。色彩是包装设计中最具影响力的因素，其视觉顺序较为靠前并带有极强的独特性，能够吸引消费者去关注它的种种特征，进而使该商品在纷繁复杂的零售环境中脱颖而出。颜色可以代表生产企业和品牌，可以指示文化、年龄、职业、地域等因素，能够区分同一产品系列中不同的口味、香味、成分，如图 8-33 所示。使消费者可以感知或者联想到内在的包装产品为何物，如食品类商品正常的用色主色调以鹅黄、红等暖色系来表述，能给人以温暖、亲近和增进食欲之感；茶包装用绿色，象征茶的甘醇天然；日用化妆品类多以玫瑰色、粉白色、淡绿色、浅蓝色、深咖啡色居多，这些已成为人们约定俗成的一种视觉经验。

　　文字是包装必不可少的要素，编排中要依据具体内容的不同，选择字体大小、摆放位置、组织形式，把握好主次关系。商品名称、企业名称多被安排于主要展面，可以使用性格表现力较强的书法或装饰字，但不可本末倒置，过于追求艺术性而忽略了字体与商品形象特点的一致性，忽略了字体本身的可视性。如果包装属于企业 CI 中的一部分，同一名称的字体风格应该保持一致。产品成分、型号、规格保养、注意事项等说明文字不要排在正面，多使用印刷体。一些用于促销的广告文字可根据创意灵活安排，如图 8-34 所示。

图 8-33　饮料的系列包装

图 8-34　品牌系列包装

8.4.4　包装版式的表现手法

　　包装版式的表现手法有很多，变化无穷，但从版式特征上可以大致归纳为以下表现方式。

1. 对称

　　在版式设计中，强调中心是一种高格调的表现。把一点作为起点，左右以同一形状展开的状态就是左右对称的形式，它在视觉中有稳重、大方、高雅之感。使用对称手法有时略显呆板，应注意文字和色彩的个性变化及局部的活跃变化，如图 8-35 所示。

2. 对比

　　对比是造型要素中很重要的一种表现力，它决定着形象力的强弱和画面的均衡关系。在版式设计中，大与小的对比是一种主要的对比关系。此外，还应在质地对比、色彩对比、位置对比、动态对比等方面予以配合，则更能加强对比效果，如图 8-36 所示。

图 8-35　对称型包装设计

图 8-36　对比型包装设计

3. 重复

利用图案设计中的连续表现手法，使同一视觉要素或单元反复排列，其效果统一，视觉强烈，秩序感强。在重复设计中，可以利用多种重复发展方式，以增强视觉特征和丰富感。包装纸的设计就是典型的重复手法的设计，如图 8-37 所示。

4. 突出焦点

这种版式编排方法通常是将品牌的主体形象安排于画面的视觉中心点，周围则留大面积空白，以使品牌得到强化突出。它具有醒目、简洁、高雅的视觉风格，如图 8-38 所示。

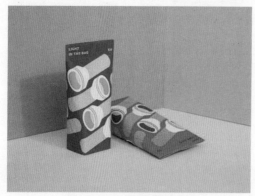

图 8-37　重复型包装设计

图 8-38　突出焦点型包装设计

◆ 8.4.5　包装设计的基本流程

就现代包装市场而言，包装设计主要包含市场调研、设计构思、设计创意等流程。设计师掌握包装设计的流程后，有助于设计出更符合现代设计审美特征，更符合以人为本的设计思想的包装作品。

市场调研： 由于包装设计是建立在为企业促进商品销售的基础上的，因而所做的设计必须符合市场需求。因此设计师除了具有一定的理论知识外，更需要掌握一定的市场情况。生活在现代社会，不能对时代潮流、流行趋势一无所知，对这些有了一定的把握，才能做出符合现代人审美观念的设计。

　　设计构思：构思是设计的灵魂。在设计创作中，很难制定固定的构思方法和构思程序之类的公式。创作多是由不成熟到成熟的，在这一过程中肯定一些或否定一些，修改一些或补充一些，是正常的现象。构思的核心在于考虑"表现什么"和"如何表现"这两个问题。

　　设计创意：包装设计创意的体现是多方面的，可以从包装材料、包装形态、包装结构，也可以从包装品牌字体、包装图形、包装色彩、包装编排等具体环节体现创意。包装设计属视觉传达艺术，寻求的是视觉的独创性、审美性，同时要有明确的信息性。

◆ 8.4.6　实训项目

　　项目名称：包装版式设计练习。
　　完成形式：为某产品设计包装盒与手提袋，制作为成品并提交。
　　实训目的：通过练习，对立体包装的不同角度的版式有清晰的了解，将包装版式编排设计的形式原理运用于此次练习中。
　　项目要求：版式编排与尺寸要符合产品自身特性。

8.5　网页版式设计案例及应用

◆ 8.5.1　网页版式设计概述

　　网页设计随着计算机互联网络的产生而形成。所谓网页的版式设计，是在有限的屏幕空间上将视听等多媒体元素进行有机的排列组合，根据设计主题的需要进行视觉上的合理排列，使它在传达信息的同时，也产生感官上的美感和精神上的享受。技术经验和艺术经验将成为网页设计的基础。设计师依照网页设计目的和要求自觉地对网页的构成元素进行具有个性化的艺术创造性活动。因此网页设计不仅是对网页版式上进行编排的方法与技巧，而且同时也是一种技能，更是艺术与技术的高度统一。

　　网页版面的构成要素主要包含网站名称、标志、主菜单、新闻、搜索栏、邮件列表、计数器、版权信息、友情链接、广告条等，从空间上归纳起来有标题、图片或图形信息、目录信息这三部分空间。标题部分应最显眼、最突出。图片、图形部分应反映主题并吸引人，目录信息的形式应与内容相称，如图 8-39 所示。从每个元素来看，各种信息都通过字体、颜色、图片、图形来体现。

图 8-39　网页版式设计作品

185

网页设计的版面尺寸没有固定的标准，和显示器的大小及分辨率有关。设计师需要根据具体的情况而定。一般都是依据计算机分辨率大小去设计的，也根据计算机显示屏的大小，现在用得比较多的是 1920px 的宽度，以前的版本也会用到 1440px，比较小的还有 1280px 的，但现在屏幕越来越大，一般设计的版面也会设置大一点的尺寸。

◆◆ 8.5.2　网页版式设计的原则

网页版式设计原则关系到网站的用户体验，然而对于网页的设计原则，需要网页设计师充分了解如下原则才能设计出更好的网页。

(1) 通过字体表达产品风格。在视觉设计中，字体的选择对于产品风格的表现作用是很明显的，同一段文字，用不同的字体写出来，感觉确实千差万别。

(2) 通过配色展示产品定位。通过配色来展示产品定位，也是设计师必用的方法。视觉设计前期调研阶段，常常通过情绪版提炼适合目标用户的颜色，形成一整套的配色方案。

(3) 营造统一的品牌形象。品牌形象是一个很大的领域，具体到某个产品的品牌感，更多的还是通过视觉形象来传达。这就需要视觉设计师制定一套系统的视觉体系，让用户看一眼，就能清晰地辨认。

(4) 让页面有层次、有重点。交互设计师完成页面布局设计，突出页面重点，方便用户浏览信息，完成任务。在视觉设计阶段，好的设计稿对于延续前期交互理念，引导用户操作是非常有帮助的。

(5) 栅格化提升用户体验和开发成本。在视觉设计中，栅格化越来越受重视，究其原因，主要有三点：①可以统一页面的布局，提升用户的浏览操作体验；②将页面模块的尺寸标准化，降低开发和维护的成本；③栅格化也是网页设计专业度的体现。

◆◆ 8.5.3　网页版式设计的类型

网页版式设计通常包括视觉元素及其组织形式、页面间的转场及网站的导航形式等。视觉元素的组织包括元素的大小和数量、表格的布局、散点组合与块状组合、主题形象的体现、留白效果的表现、图与文的关系、曲线与直线的组织、水平线与垂直线及斜线的比较等。根据不同的组织形式，可以将网页的版式大致划分为以下几种类型：骨骼型、中轴型、焦点型、自由型。

(1) 骨骼型：在网页中骨骼型是一种规范、严谨的分割方式，类似于报刊的版式。常见的网页骨骼有竖向的通栏、双栏、三栏、四栏和横向的通栏、双栏、三栏和四栏等。通常以竖向分栏居多，这种版式给人和谐、理性的美，如图 8-40 所示。

(2) 中轴型：中轴型版式指沿浏览器窗口的中轴线将图片或文字作水平或垂直方向的排列。水平排列的页面给人稳定、平静、含蓄的感觉；垂直排列的页面给人舒畅的感觉，如图 8-41 所示。

(3) 焦点型：焦点型的网页版式通过对浏览者视线的诱导，可以使页面产生强烈的视觉效果，如集聚感或膨胀感等，如图 8-42 所示。焦点型分为三种情况：①中心指将图片或文字置于页面的视觉中心。②向心指视觉元素引导浏览者的视线向页面中心聚拢。③离心指视觉元素引导浏览者的视线向外辐射。

（4）自由型：自由型版式的页面具有活泼轻快的气氛，极富趣味性。设计师可以根据网页所要传达的主题内容来灵活地变化版式，如图 8-43 所示。

图 8-40　骨骼型

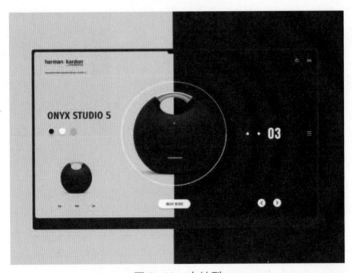

图 8-41　中轴型

图 8-42　焦点型

图 8-43　自由型

8.5.4 网页设计的基本流程

1. 网页主题选择

设计一个网页，设计师最重要的是选择好网页的主题内容，一般都是选择自己所需要的内容来进行设计。需要注意的是，所选择的设计主题一定要有自己的特色，能够从众多网页中脱颖而出。

2. 结构规划

在选择好网页主题后，就需要开始规划网页中的结构了。需要清楚的是，根据网页主题明确规划目标，合理设置网页的结构。另外，还要注意网页中内容的设置，要全面结合主题和页面具体内容规划结构。

3. 素材收集

这是需要花时间多考虑的一步，前期的主题和结构规划好之后，就要根据需求来开始收集素材。收集的素材大致包括文字、图片、声音、动画、视频等，同时可以通过书籍、报纸、杂志、网络等途径搜索到需要的素材。

4. 网页切割

确定网页的设计方案之后，将版面中的图片进行合理切割，以保证最终网页的用户体验。

5. 网页制作

当网页版面的所有设计程序完成后，就可以进入网页的制作阶段，需要使用专业的网页制作软件将网页设计稿制作成最终的网页。

8.5.5 实训项目

项目名称：网页版式设计练习。

完成形式：为某主题网站首页设计版式，以电子稿件的形式上交。

实训目的：通过练习，运用网页设计元素按照主题内容进行组织编排。

项目要求：具有网站首页的特点，既有美观的视觉享受，又兼具信息的可读性。